职业教育行业规划教材

中等职业学校教学用书

# 数字影音处理

## （Premiere Pro CC+ After Effects CC）

高 强 鲁丹丽 编 著

電子工業出版社
Publishing House of Electronics Industry
北京 • BEIJING

## 内 容 简 介

本书根据教育部颁发的《中等职业学校专业教学标准（试行）信息技术类（第一辑）》中的相关教学内容和要求编写。本书的编写从满足经济发展对高素质劳动者和技能型人才的需求出发，在课程结构、教学内容、教学方法等方面进行了新的探索与改革创新，以利于学生更好地掌握本课程的内容，利于学生理论知识的掌握和实际操作技能的提高。

本书以岗位工作过程来确定学习任务和目标，综合提升学生的专业能力、过程能力和职位差异能力，以具体的工作任务引领教学内容，通过12个精彩的项目介绍了数字影音采集、编辑与合成，动漫和影视制作流程和业务规范，录音、音效处理与合成、视频采集、动漫素材处理与导入、影像编辑、影像特效、配音配乐、字幕制作、影音输出等知识和技能。

本书是计算机动漫与游戏制作专业的核心课程教材，也可作为数字影音软件培训班的教材，还可以供数字影音处理、制作人员参考学习。



**图书在版编目（CIP）数据**

数字影音处理. Premiere Pro CC+ After EffectsCC / 高强，鲁丹丽编著. —北京：电子工业出版社，2016.12

ISBN 978-7-121-24877-1

Ⅰ. ①数… Ⅱ. ①高… ②鲁… Ⅲ. ①视频编辑软件—中等专业学校—教材②图象处理软件—中等专业学校—教材 Ⅳ. ①TN94②TP391.41

中国版本图书馆 CIP 数据核字（2014）第 274773 号

策划编辑：杨　波
责任编辑：郝黎明
印　　刷：北京盛通商印快线网络科技有限公司
装　　订：北京盛通商印快线网络科技有限公司
出版发行：电子工业出版社
　　　　　北京市海淀区万寿路 173 信箱　邮编　100036
开　　本：787×1 092　1/16　印张：12.25　字数：313.6 千字
版　　次：2016 年 12 月第 1 版
印　　次：2023 年 6 月第 8 次印刷
定　　价：28.00 元

凡所购买电子工业出版社图书有缺损问题，请向购买书店调换。若书店售缺，请与本社发行部联系，联系及邮购电话：（010）88254888，88258888。

质量投诉请发邮件至 zlts@phei.com.cn，盗版侵权举报请发邮件至 dbqq@phei.com.cn。

本书咨询联系方式：（010）88254617，luomn@phei.com.cn。

# 编审委员会名单

# 序 | PROLOGUE

当今是一个信息技术主宰的时代，以计算机应用为核心的信息技术已经渗透到人类活动的各个领域，彻底改变着人类传统的生产、工作、学习、交往、生活和思维方式。和语言和数学等能力一样，信息技术应用能力也已成为人们必须掌握的、最为重要的基本能力。职业教育作为国民教育体系和人力资源开发的重要组成部分，信息技术应用能力和计算机相关专业领域专项应用能力的培养，始终是职业教育培养多样化人才，传承技术技能，促进就业创业的重要载体和主要内容。

信息技术的发展，特别是数字媒体、互联网、移动通信等技术的普及应用，使信息技术的应用形态和领域都发生了重大的变化。第一，计算机技术的使用扩展至前所未有的程度，桌面电脑和移动终端（智能手机、平板电脑等）的普及，网络和移动通信技术的发展，使信息的获取、呈现与处理无处不在，人类社会生产、生活的诸多领域已无法脱离信息技术的支持而独立进行。第二，信息媒体处理的数字化衍生出新的信息技术应用领域，如数字影像、计算机平面设计、计算机动漫游戏、虚拟现实等；第三，信息技术与其他业务的应用有机地结合，如与商业、金融、交通、物流、加工制造、工业设计、广告传媒、影视娱乐等结合，形成了一些独立的生态体系，综合信息处理、数据分析、智能控制、媒体创意、网络传播等日益成为当前信息技术的主要应用领域，并诞生了云计算、物联网、大数据、3D 打印等指引未来信息技术应用的发展方向。

信息技术的不断推陈出新及应用领域的综合化和普及化，直接影响着技术、技能型人才的信息技术能力的培养定位，并引领着职业教育领域信息技术或计算机相关专业与课程改革、配套教材的建设，使之不断推陈出新、与时俱进。

2009 年，教育部颁布了《中等职业学校计算机应用基础大纲》，2014 年，教育部在 2010 年新修订的专业目录基础上，相继颁布了“计算机应用、数字媒体技术应用、计算机平面设计、计算机动漫与游戏制作、计算机网络技术、网站建设与管理、软件与信息服务、客户信息服务、计算机速录”等 9 个信息技术类相关专业的教学标准，确定了教学实施及核心课程内容的指导意见。本套教材就是以此为依据，结合当前最新的信息技术发展趋势和企业应用案例组织开发和编写。

## 本套系列教材的主要特色

● **对计算机专业类相关课程的教学内容进行重新整合**

本套教材面向学生的基础应用能力，设定了系统操作、文档编辑、网络使用、数据分析、媒体处理、信息交互、外设与移动设备应用、系统维护维修、综合业务运用等内容；针对专业应用能力，根据专业和职业能力方向的不同，结合企业的具体应用业务规划了教材内容。

● **以岗位工作过程来确定学习任务和目标，综合提升学生的专业能力、过程能力和职位差异能力**

本套教材通过工作过程为导向的教学模式和模块化的知识能力整合结构，体现产业需求与专业设置、职业标准与课程内容、生产过程与教学过程、职业资格证书与学历证书、终身学习与职业教育的"五对接"。从学习目标到内容的设计上，本套教材不再仅仅是专业理论内容的复制，而是经由职业岗位实践——工作过程与岗位能力分析——技能知识学习应用内化的学习实训导引和案例。借助知识的重组与技能的强化，达到企业岗位情境和教学内容要求相贯通的课程融合目标。

● **以项目教学和任务案例实训作为主线**

本套教材通过项目教学，构建了工作业务的完整流程和岗位能力需求体系。项目的确定应遵循三个基本目标：核心能力的熟练程度，技术更新与延伸的再学习能力，不同业务情境应用的适应性。教材借助以校企合作为基础的实训任务，以应用能力为核心、以案例为线索，通过设立情境、任务解析、引导示范、基础练习、难点解析与知识延伸、能力提升训练和总结评价等环节引领学者在任务的完成过程中积累技能、学习知识，并迁移到不同业务情境的任务解决过程中，使学者在未来可以从容面对不同应用场景的工作岗位。

当前，全国职业教育领域都在深入贯彻全国工作会议精神，学习领会中央领导对职业教育的重要批示，全力加快推进现代职业教育。国务院出台的《加快发展现代职业教育的决定》明确提出要"形成适应发展需求、产教深度融合、中职高职衔接、职业教育与普通教育相互沟通，体现终身教育理念，具有中国特色、世界水平的现代职业教育体系"。现代职业教育体系的建立将带来人才培养模式、教育教学方式和办学体制机制的巨大变革，这无疑给职业院校信息技术应用人才培养提出了新的目标。计算机类相关专业的教学必须要适应改革，始终把握技术发展和技术技能人才培养的最新动向，坚持产教融合、校企合作、工学结合、知行合一，为培养出更多适应产业升级转型和经济发展的高素质职业人才做出更大贡献！

# 前言 | PREFACE

为建立健全教育质量保障体系，提高职业教育质量，教育部于 2014 年颁布了中等职业学校专业教学标准（以下简称专业教学标准）。专业教学标准是指导和管理中等职业学校教学工作的主要依据，是保证教育教学质量和人才培养规格的纲领性教学文件。在“教育部办公厅关于公布首批《中等职业学校专业教学标准（试行）》目录的通知”（教职成厅[2014]11 号文）中，强调“专业教学标准是开展专业教学的基本文件，是明确培养目标和规格、组织实施教学、规范教学管理、加强专业建设、开发教材和学习资源的基本依据，是评估教育教学质量的主要标尺，同时也是社会用人单位选用中等职业学校毕业生的重要参考。”

## 本书特色

本书根据教育部颁发的《中等职业学校专业教学标准（试行）信息技术类（第一辑）》中的相关教学内容和要求编写。

本书以工作过程为导向，注重理实一体化，在基础知识的讲解上，注重创意思维的过程，选取典型风格项目构建：项目一 Adobe Premiere Pro CC 软件概述，项目二时光记忆，项目三美食每刻，项目四城市新闻，项目五体育报道，项目六民俗文化，项目七 Adobe After Effects CC 软件概述，项目八回家，项目九律动晨曦，项目十魔幻 LOGO 演绎，项目十一蓝色炫影，项目十二水墨传奇，附录 A.Adobe Premiere Pro CC 快捷键，附录 B.Adobe After Effects CC 快捷键。书中提供工程源文件和素材文件，方便学习参考使用。

书中案例作者精挑细选，不同角度目的相同，如何正确应用镜头表达主题，通过对案例的详细剖析讲解，能够点燃学习者灵感的火花，本书内容能够为学习者在工作和学习中提供有效帮助，是对作者最大的慰藉。本书具备以下特点：

（1）以就业为导向，以能力为本位：教材内容与职业标准和岗位能力要求对接，突出实践性、应用性，体现四新，满足“双证书”要求。

（2）以学生为主体：有利于学生的能力培养、职业素养形成和职业生涯发展，使学生掌握必备的理论知识和熟练的职业技能，适应以学生为主体的自主学习、探究学习、过程性评价等教学方法的实施。

（3）以项目、任务、案例为载体的编写方式，理论与实践相结合，突出“做中学、做中教”的职业教育特色。

本书是计算机动漫与游戏制作专业的核心课程教材，也可作为数字影音软件培训班的教材，还可以供数字影音处理、制作人员参考学习。

## 课时分配

本书参考课时为 64 学时，具体安排见本书配套的电子教案。

## 本书作者

本书由高强、鲁丹丽编著。由于编者水平有限，难免有错误和不妥之处，恳请广大读者批评指正。

## 教学资源

为了提高学习效率和教学效果，方便教师教学，作者为本书配备包括电子教案、教学指南、素材文件、微课，以及习题参考答案等配套的教学资源。请有此需要的读者登录华信教育资源网免费注册后进行下载，有问题时请在网站留言板留言或与电子工业出版社联系。

编　者

# CONTENTS | 目录

# Adobe Premiere Pro CC 软件概述

## 任务展示

图 1-1　Adobe Premiere Pro CC 软件启动界面

## 任务分析

Adobe Premiere 是一款常用的视频编辑软件，由 Adobe 公司推出。它可以提升你的创作能力和创作自由度，它是易学、高效、精确的视频剪辑软件。Premiere 提供了采集、剪辑、调色、美化音频、字幕添加、输出、DVD 刻录的一整套流程，并和其他 Adobe 软件高效集成，使你足以完成在编辑、制作、工作流上遇到的所有挑战，满足你创建高质量作品的要求。

AE（After Effects）是 Premiere 的兄弟产品，是一套动态图形的设计工具和特效合成软件。有着比 Premiere 更加复杂的结构和更难的学习难度，主要应用于 Motion Graphic 设计、媒体包装和 VFX（视觉特效）。而 Premiere 是一款剪辑软件，用于视频段落的组合和拼接，并提供一定的特效与调色功能。Premiere 和 AE 可以通过 Adobe 动态链接联动工作，满足日益复杂的视频制作需求。

## 任务步骤

**【步骤 1】**安装环境

■ **Windows**

英特尔®酷睿™2 双核以上或 AMD 羿龙®II 以上处理器；

Microsoft®Windows®7 带有 Service Pack 1（64 位）或 Windows 8（64 位）；

4GB 的 RAM（建议使用 8GB）；

4GB 的可用硬盘空间用于安装（无法安装在可移动闪存存储设备，在安装过程中需要额外的可用空间）；

需要额外的磁盘空间预览文件、其他工作档案（建议使用 10GB）；

1280×800 屏幕分辨率；

7200 RPM 或更快的硬盘驱动器（多个快速的磁盘驱动器，最好配置 RAID 0，推荐）；

声卡兼容 ASIO 协议或 Microsoft Windows 驱动程序模型；

QuickTime 的功能所需的 QuickTime 7.6.6 软件；

可选：Adobe 认证的 GPU 卡的 GPU 加速性能；

连接互联网，并登记所必需的激活所需的软件，会员验证和访问在线服务。

■ **Mac OS**

多核英特尔处理器；

Mac OS X 的 10.7 版或 v10.8；

4GB 的 RAM（建议使用 8GB）；

4GB 的可用硬盘空间用于安装；

需要额外的磁盘空间预览文件和其他工作档案（建议使用 10GB）；

1280×800 屏幕分辨率；

7200RPM 硬盘驱动器（多个快速的磁盘驱动器，优选 RAID 0 配置，推荐）；

QuickTime 的功能所需的 QuickTime 7.6.6 软件；

可选：Adobe 认证的 GPU 卡的 GPU 加速性能；

连接互联网，并登记所必需的激活所需的软件，会员验证，访问在线服务。

【步骤 2】新增功能

■ **LUT 滤镜**

来自 Adobe SpeedGrade 高端调色调光软件的 LUT 色彩滤镜已经植入 Premiere Pro CC，即使你没有安装 SpeedGrade，Premiere 也可以独立的浏览、应用、渲染 SpeedGrade 调色预设。

■ **创始于 CS6 的开放式设计**

对软件的按钮布局不满意，自己想来设计？Premiere CC 满足你。Premiere CC 软件上的按钮像一个个可以随意拆卸、拼接的玩具，像搭积木一样自己拼接自己喜欢的按钮，设计自己心仪的界面。这项更新最早出现在 CS6 中，CS6 让监视器上的按钮开放化和自由化，继 CS6 以后，在 CC 中，轨道也采用了这种开放式设计。

■ **超级工作流：Adobe Anywhere**

Adobe 的新组件 Adobe Anywhere 带来了划时代的编辑概念。当下工作流程是制作视频依次进行，一步步做好。比如，先用 Premiere 剪辑视频，再交由 Audition 处理音频，最后再用 After Effects 制作特效。人们不得不用移动硬盘等设备在不同工作区间里来回复制数据，并且这样传统的流程效率较低。

而 Adobe Anywhere 的出现打破了这一格局，在制作视频过程中可以交替进行处理。多人在任何时间地点都可以同时处理同一个视频。Adobe Anywhere 可以让各视频团队有效协作并跨标准网络访问共享媒体。使用本地或远程网络同时访问、流处理以及使用远程存储的媒体。不需要大型文件传输、重复的媒体和代理文件。

■ **音频剪辑混合器**

在 CC 中，“调音台”面板已重命名为“音频轨道混合器”。此名称更改有助于区分音频轨道混合器和新的“音频剪辑混合器”面板。“音频轨道混合器”中的弹出菜单已重新进行设计，可以采用分类子文件夹的形式显示音频增效工具，以便更快地进行选择。

新增的“剪辑混合器”面板，当“时间轴”面板是您所关注的面板时，可以通过“音频剪辑混合器”监视并调整序列中剪辑的音量和声像。同样，您关注“源监视器”面板时，可以通过“音频剪辑混合器”监视“源监视器”中的剪辑。要访问“音频剪辑混合器”，请从主菜单中选择“窗口”→“音频剪辑混合器”。

■ **音频加强**

以 Adobe Audition 的波形方式显示音频，显示更加科学。

■ **多声道 QuickTime 导出**

支持第三方 VST3 增效工具。在 Mac 上，还可以使用音频单位（AU）增效工具。

新增的“同步设置”功能使用户可以将其首选项、预设和设置同步到 Creative Cloud。

如果你在多台计算机上使用 Premiere Pro，则借助“同步设置”功能很容易使各计算机之间的设置保持同步。同步将通过您的 Adobe Creative Cloud 账户进行设置。将所有设置上载到你的 Creative Cloud 账户，然后再下载并应用到其他计算机上。

■ **隐藏字幕**

使用 Premiere Pro CC 中的隐藏字幕文本，而不需要单独的隐藏字幕创作软件。

■ **增强属性粘贴**

“粘贴属性”对话框可让您轻松地在多个剪辑之间添加和移动音频及视觉效果。选择任意决定粘贴视频的部分属性或部分滤镜。

■ **Story 面板**

Adobe Story 面板可让您导入在 Adobe Story 中创建的脚本以及关联元数据，以指引你进行编辑。

在工作时快速导航到特定场景、位置、对话和人物。使用“语音到文本”搜索查找所需的剪辑并在 Premiere Pro CC 编辑环境中编辑到脚本。

■ **集成扩展**

Premiere Pro CC 集成的 Adobe Exchange 面板可让您快速浏览、安装并查找最新增效工具和扩展的支持。选择“窗口”→“扩展”→“Adobe Exchange”以打开 Adobe Exchange 面板。找到免费扩展和付费扩展。

## 任务反馈

Premiere 可以对素材进行组织与管理，对素材进行剪辑处理，制作影片间的过渡，制作滤镜特效，使用叠加叠印，输出多种格式影视作品。Premiere 可视化的操作方式，人性化的界面，软件画面质量与兼容性较好，目前这款软件广泛应用于广告制作和电视节目制作中，Premiere 是为视频编辑爱好者和专业人士准备的必不可少的编辑工具。

## 任务拓展

Adobe Premiere Pro CC 拥有更佳的编辑技巧、联结与寻找和 Lumetri 深色引擎、精准音效控制、与 Adobe Anywhere 整合、提供 Mezzanine 编解码器（原生格式）、隐藏式批注、改良的 Mercury Playback Engine、高精确度交换格式。

Premiere Pro CC 系统要求：Windows 7 64 位或 Windows 8 64 位。

安装软件：对照以前版本观察区别。

# 时 光 记 忆

## 任务展示

图 2-1　时光记忆任务展示

## 任务分析

本任务介绍使用 Premiere 如何创建一个新项目，对工作面板的认识，常用快捷键的用法，以及基本的剪辑技巧，并将剪辑后的影片输出为新的视频。通过完整的操作，使学习者快速掌握制作流程，激发学习兴趣。

## 任务步骤

【步骤 1】打开 Premiere 软件，弹出欢迎窗口，选择“新建项目”，如图 2-2 所示。

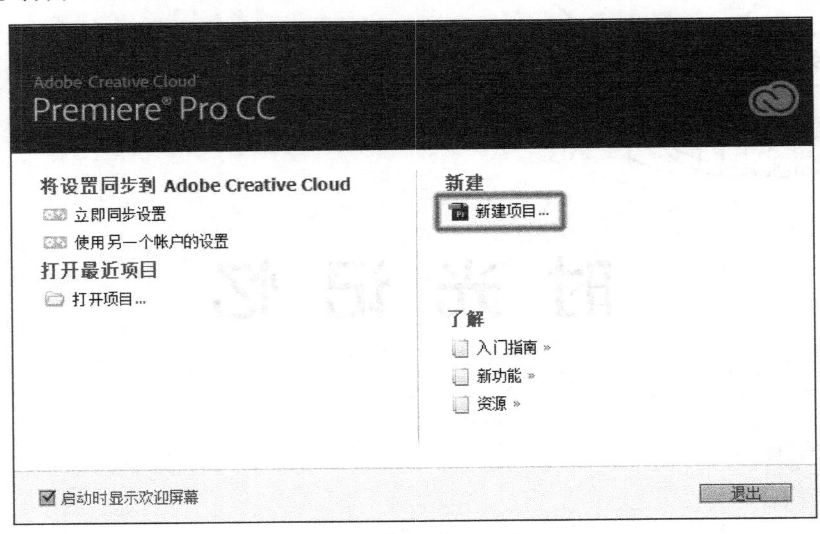


图 2-2　新建项目

【步骤 2】为项目命名，设置存放路径，常规选项保持默认设置，暂存盘路径可根据需要进行相应设置，如图 2-3 所示。

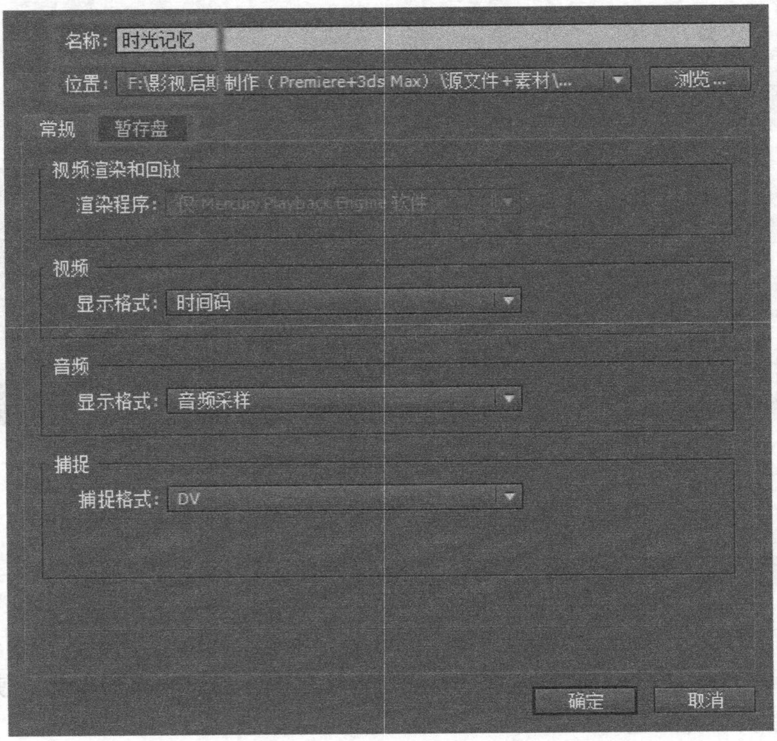

图 2-3　为项目命名并设置保存路径

【步骤 3】在项目窗口双击鼠标，导入素材，根据需要选择“图标视图”或“列表视图”。本例选择“图标视图”，拖动滑块，可以直接对视频素材进行预览，如图 2-4 所示。

图 2-4　导入视频素材

【步骤 4】在项目窗口双击素材文件，相应视频会在源视窗中显示，选择显示清晰度：完整、1/2、1/4、1/8、1/16，进行预览，如图 2-5 所示。

图 2-5　在源视窗中预览文件

【步骤 5】在项目窗口的视频素材上，单击鼠标右键，在弹出的菜单中选择“从剪辑新建序列”选项，在时间线创建序列，如图 2-6 所示。

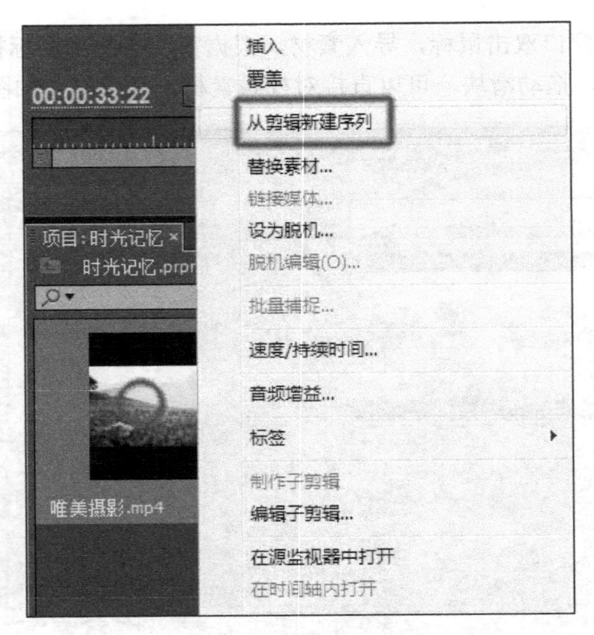


图 2-6　从剪辑新建序列

**【步骤 6】** 单击时间轴右上角按钮，在弹出的菜单中选择“连续视频缩览图”选项，时间轴上的视频以缩览图显示。按住键盘上的“Ctrl”键，同时按“+”键，扩大缩览图显示尺寸，如图 2-7 所示。

图 2-7　设定时间轴为连续视频缩览图

【步骤 7】在节目视窗单击鼠标右键，在弹出的菜单中勾选“安全边距”选项，按“+”或按“-”调整时间轴上视频的显示长度，按空格键预览影片，如图 2-8 所示。

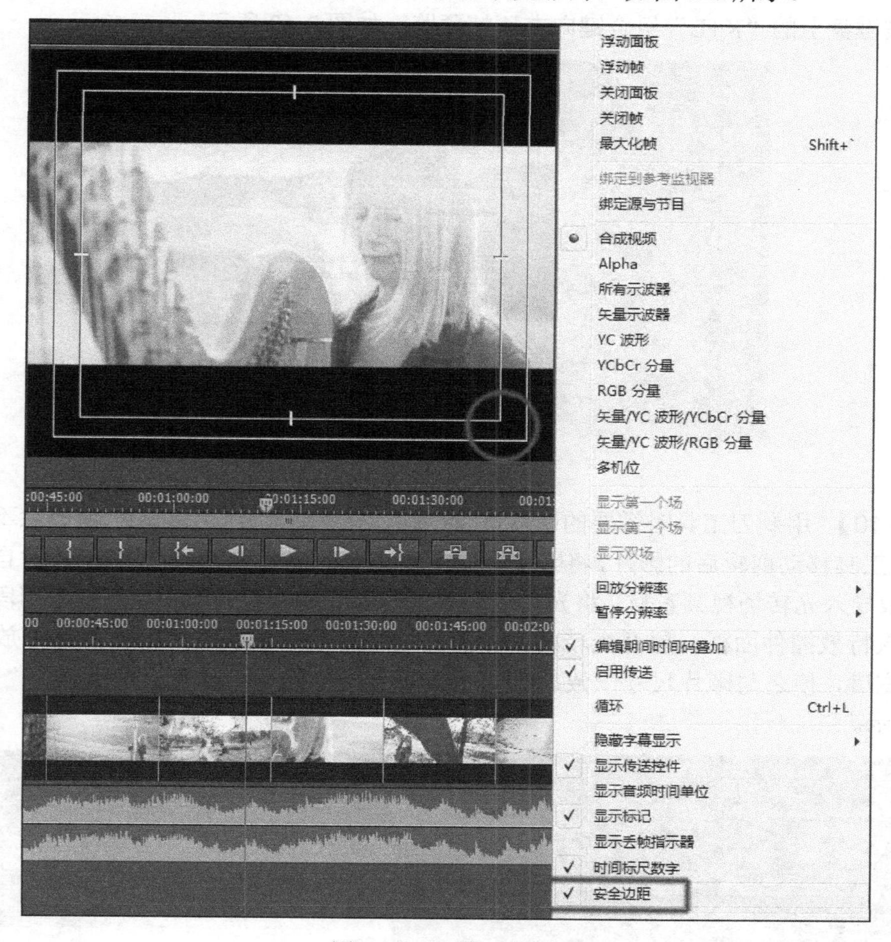


图 2-8　显示安全边距

【步骤 8】在时间轴的视频或音频上单击鼠标右键，选择弹出菜单中的“取消链接”命令，可将音视频的链接取消，单独对音频或视频进行编辑，如图 2-9 所示。

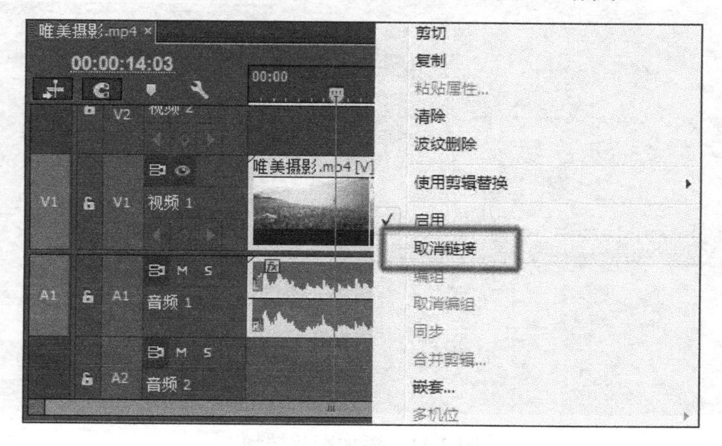


图 2-9　取消音视频链接

**【步骤 9】**选择工具栏中的剃刀工具，对视频进行剪切，按键盘上的“J”键向左预览，按键盘上的“L”键向右预览，按键盘上的“K”键停止预览，按键盘上的“K+J”组合键向左逐帧预览，按键盘上的“K+L”组合键向右逐帧预览，如图 2-10 所示。

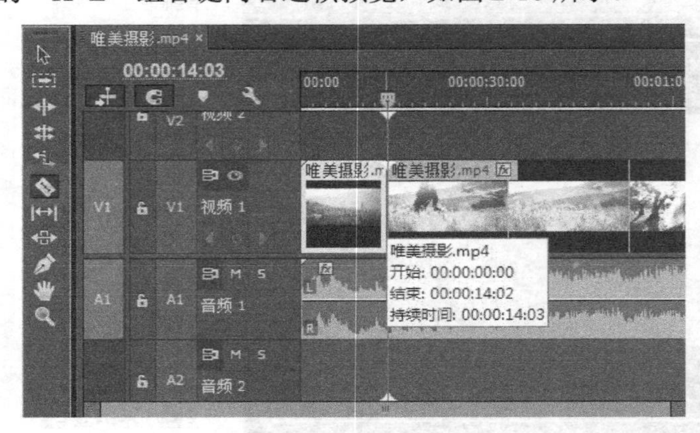


图 2-10　剪切影片

**【步骤 10】** 用剃刀工具对需要的影片进行剪切，按键盘上的“Delete”键删除不需要的影片，用选择工具移动剪辑后的影片，将影片重新排列在一起。为了使重新排列的影片自然衔接，在项目面板导入光转场视频素材，将光转场视频素材添加到视频 2 轨道上，位于两段影片的交界处。进入特效控件面板，展开光转场视频素材运动特效下拉菜单，取消等比缩放，调节缩放高度与宽度，使之与影片尺寸一致。展开不透明度下拉菜单，切换混合模式为“变亮”，如图 2-11 所示。

图 2-11　添加影片转场

【步骤 11】导入第二个视频光效转场，添加在视频 2 轨道上，位于影片交界处，修改比例，设置混合模式为柔光，如图 2-12 所示。

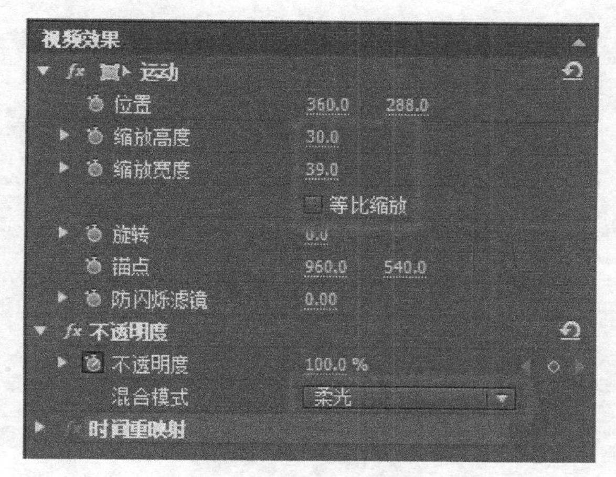


图 2-12 继续为影片添加转场

【步骤 12】将最后两段影片在视频轨道上叠压交错，展开上面视频的透明度下拉菜单，打开动画记录，滑动时间滑块分别在叠压开始处与结束处录制透明度 0～100 的变化，下面的视频分别在叠压开始处与结束处录制透明度 100～0 的变化，这样两段影片出现自然叠透的过渡效果，如图 2-13 所示。

图 2-13 调节影片透明度

【步骤 13】在效果面板中，将模糊与锐化下的高斯模糊特效拖曳到最后一段视频上，为结尾处录制模糊度 0～208 的视频特效，如图 2-14 所示。

图 2-14　添加高斯模糊特效

【步骤 14】选择音频，用剃刀工具进行剪切，视音频长度与视频长度一致。在开始和结尾处，调节音频效果下的级别参数添加关键帧进行淡入淡出设置，也可以在音频轨道上直接拖曳关键帧进行设置，如图 2-15 所示。

图 2-15　对声音进行编辑

【步骤 15】在菜单栏中，选择“字幕”→“新建字幕”→“默认静态字幕”选项，为影片添加片头字幕，如图 2-16 所示。

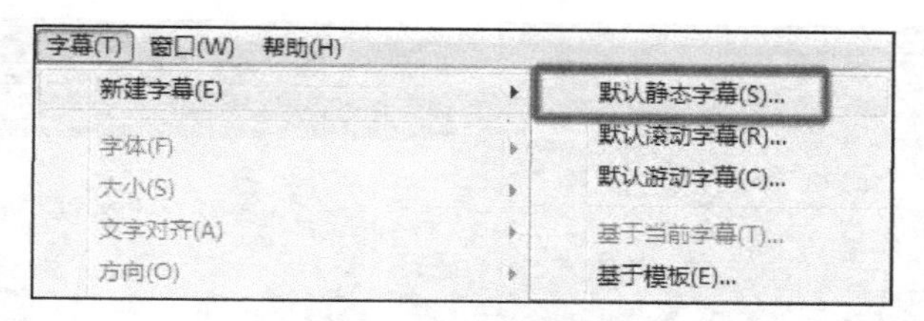


图 2-16　新建字幕

【步骤 16】在弹出的“新建字幕”面板中，为字幕命名为“时光记忆”，如图 2-17 所示。

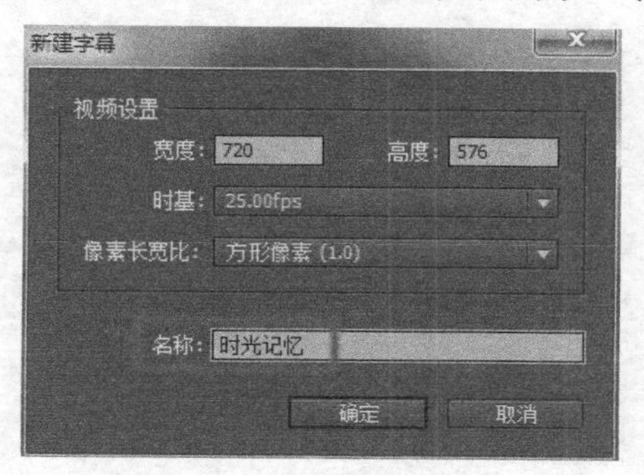


图 2-17　为字幕命名

【步骤 17】在弹出的字幕面板中，输入文本“时光记忆”，选择字幕样式、字体，调节字体大小、颜色，间距，如图 2-18 所示。

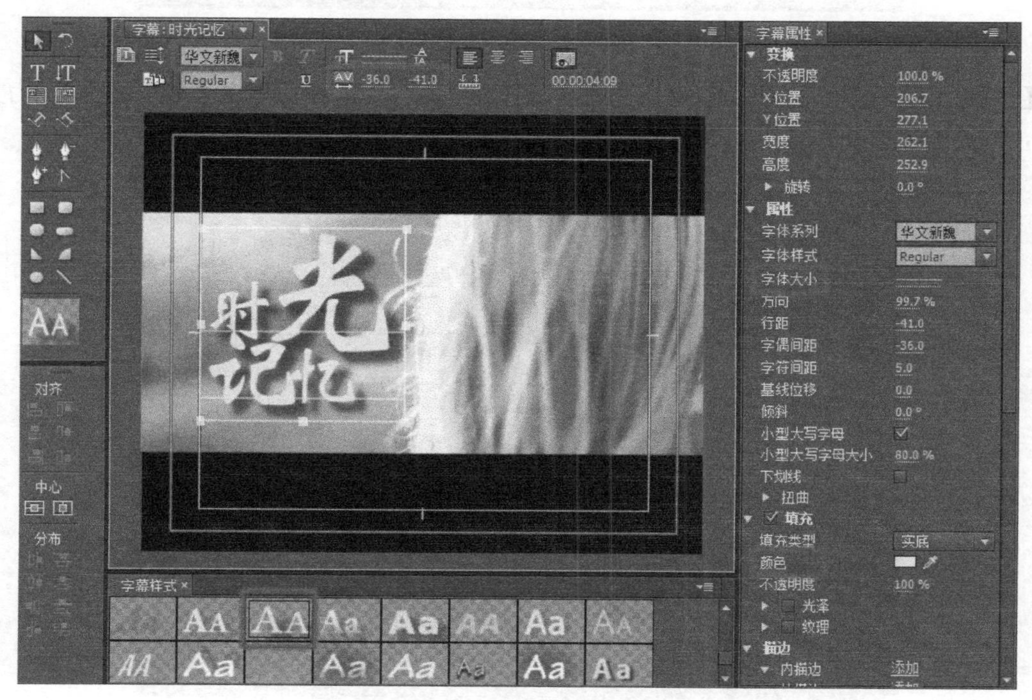


图 2-18　对字幕进行设置

**【步骤 18】**关闭字幕面板，创建的字幕文件会出现在项目面板中，拖曳字幕到视频 2 轨道，调节透明度，设置混合模式为“叠加”，如图 2-19 所示。

图 2-19　将字幕添加到影片中

**【步骤 19】**按键盘上的“Ctrl+M”组合键打开导出设置面板，单击“输出名称”，为文件命名，设置输出路径，单击“导出”按钮生成视频文件，如图 2-20 所示。

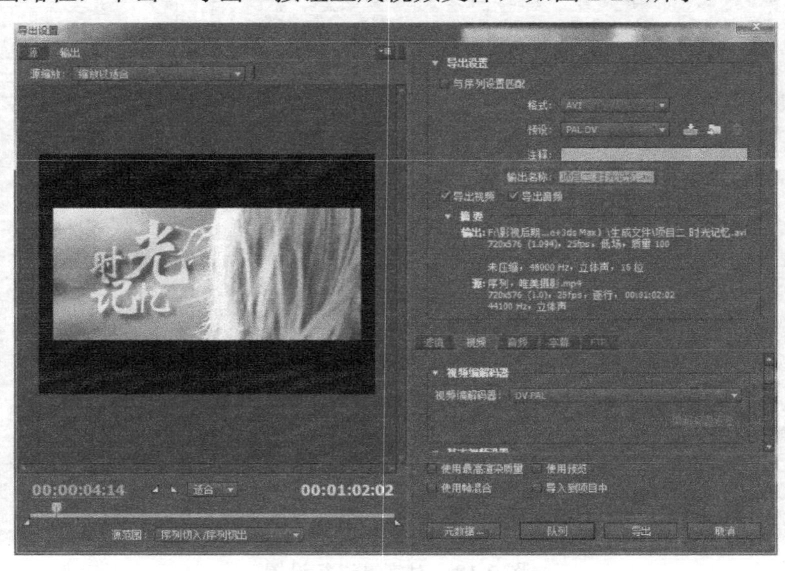


图 2-20　导出设置

## 任务反馈

本项目从如何创建项目、序列开始介绍，讲解了软件中素材的导入与导出，基本剪辑，字幕的创建，特效的添加。学习者能够快速上手，完成对已有视频的编辑，产生学习兴趣，富有成就感。

## 任务拓展

找一首音乐MV进行剪辑，注意视频剪短后，音频的同步对位与完整性。

# 美 食 每 刻

## 任务展示

图 3-1　美食每刻任务展示

## 任务分析

本任务制作美食栏目片头，要体现出轻松快乐的感觉，画面色调清新明快。主要应用色调、百叶窗转场、键控抠像、投影、模糊等特效。技术是服务画面的手段，影片的核心是要根据不同的主题，制作出不同的风格，传递给受众不同的感觉。

## 任务步骤

**【步骤 1】**新建项目命名为“美食每刻”，如图 3-2 所示。

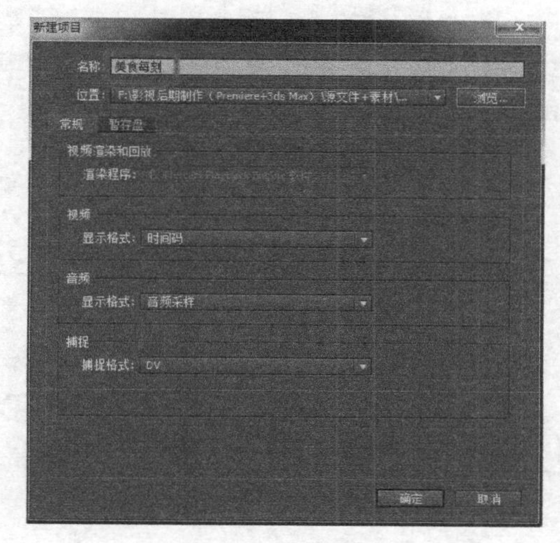


图 3-2　新建“美食每刻”项目

**【步骤 2】**创建的项目，可以通过“文件”→“常规”命令对项目进行重新设置，如图 3-3 所示。

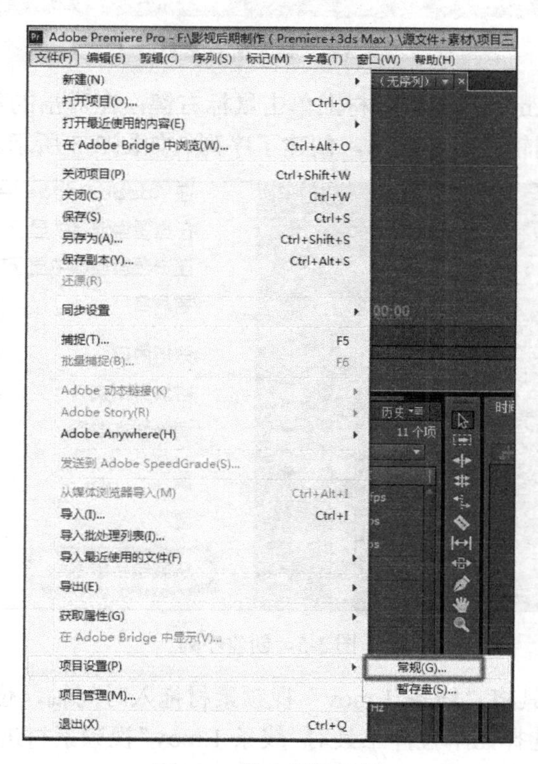


图 3-3　修改项目设置

【步骤 3】双击项目面板，导入视频、音频、图片等所有素材，如图 3-4 所示。

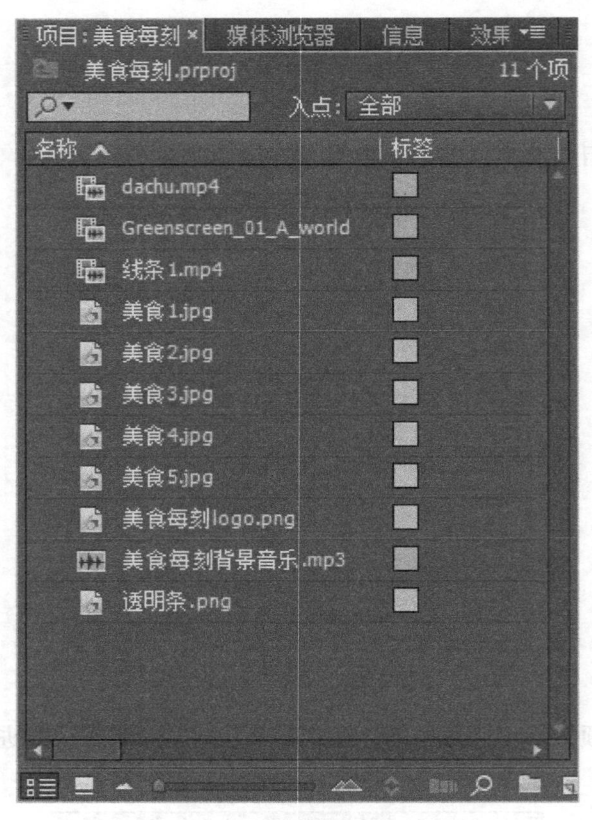


图 3-4　导入所有素材

【步骤 4】在“dachu.mov”视频素材上单击鼠标右键，在弹出的菜单中选择“从剪辑新建序列”命令，视频在时间轴轨道中显示，创建了序列，如图 3-5 所示。

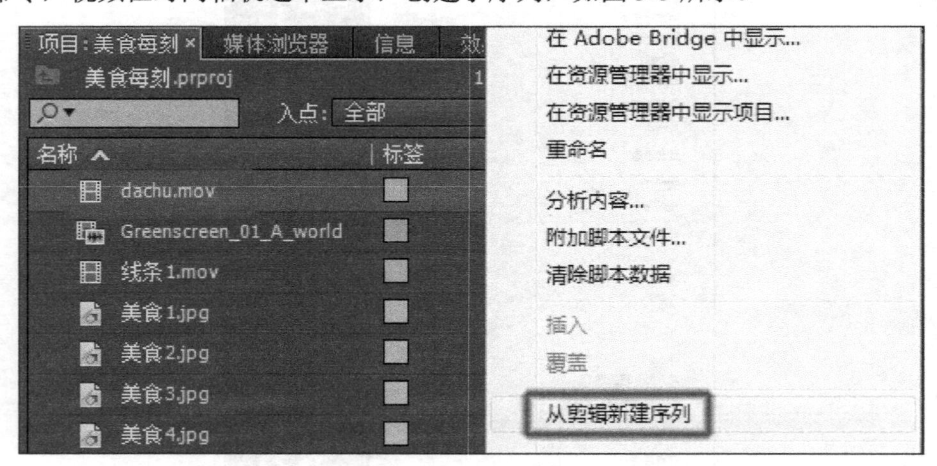


图 3-5　创建序列

【步骤 5】用选择工具将“线条 1.mov”视频素材拖入时间轴，位于“dachu.mov”视频素材 V1 之上的 V2 轨道，选择比率拉伸工具对“线条 1.mov”视频素材进行拉伸，与“dachu.mov”视频素材对齐，如图 3-6 所示。

图 3-6　对齐素材

【步骤 6】为“线条 1.mov”视频素材添加色调特效，将影片颜色去掉，如图 3-7 所示。

图 3-7　为视频素材添加色调特效

【步骤 7】观察画面，线条十分密集给人以紧张感，与我们要表达的主体不相符。通过调整位置与大小使线条宽大，疏密有序，影片传递出舒缓轻松的信息。在不透明度 dev 混合模式中选择滤色，去除影片黑色，呈现与下面视频画面交互叠加的效果，如图 3-8 所示。

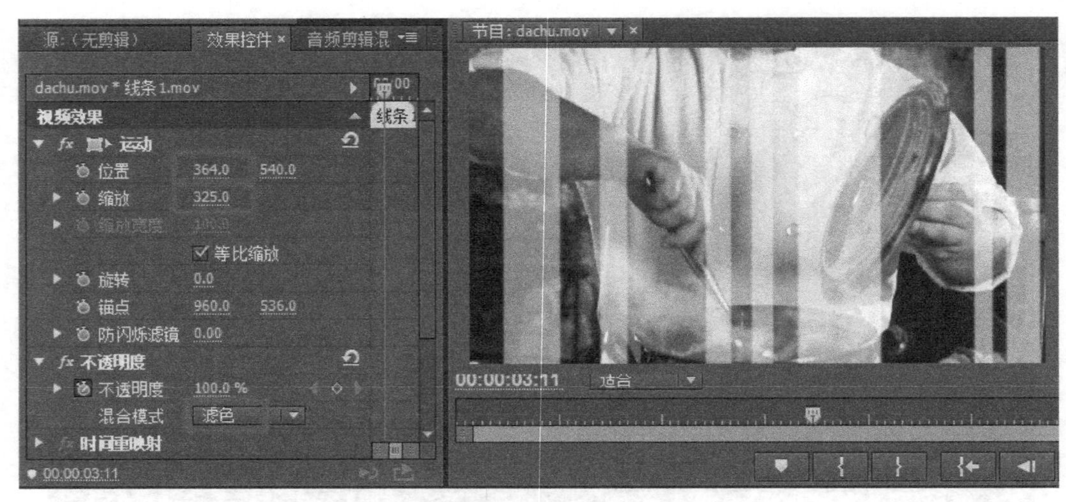


图 3-8　调节素材大小和模式

【步骤 8】用选择工具将背景音乐导入到音频轨道，按住“Shift”键，同时按“+”键扩大轨道宽度，按“-”键缩小轨道宽度，如图 3-9 所示。

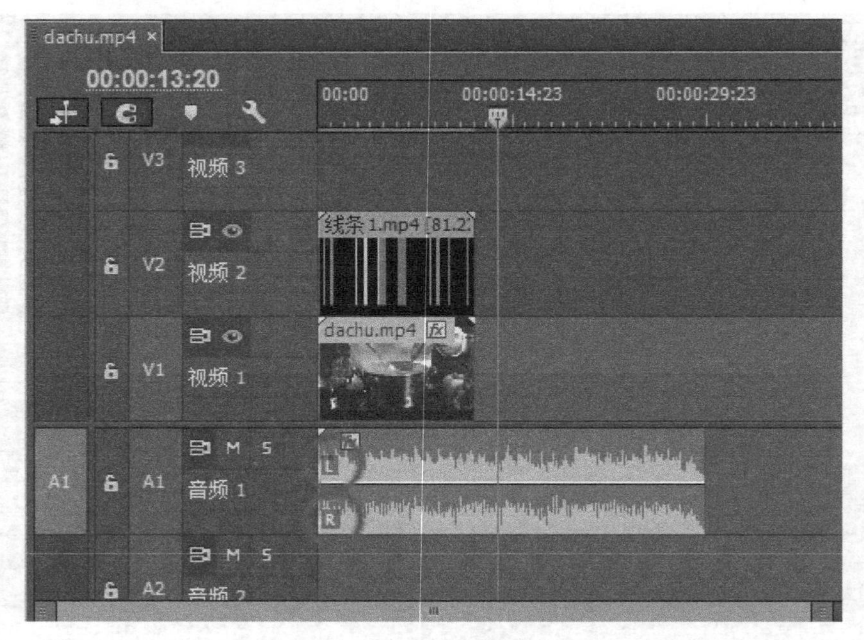


图 3-9　展开音频轨道

【步骤 9】导入第一幅图片素材到视频 3 轨道，调整大小，录制位移、透明度动画，如图 3-10 所示。

【步骤 10】导入第二幅图片素材美食 3 到视频 2 轨道，使之与第一幅图片素材有交替重叠，为图片 1 添加视频转场中百叶窗转场特效，如图 3-11 所示。

【步骤 11】录制图片二与图片一相向的从下至上运动动画，如图 3-12 所示。

【步骤 12】将图片素材三美食 4 导入到视频 1 轨道，与图片素材二叠加，为图片素材二添加百叶窗特效，如图 3-13 所示。

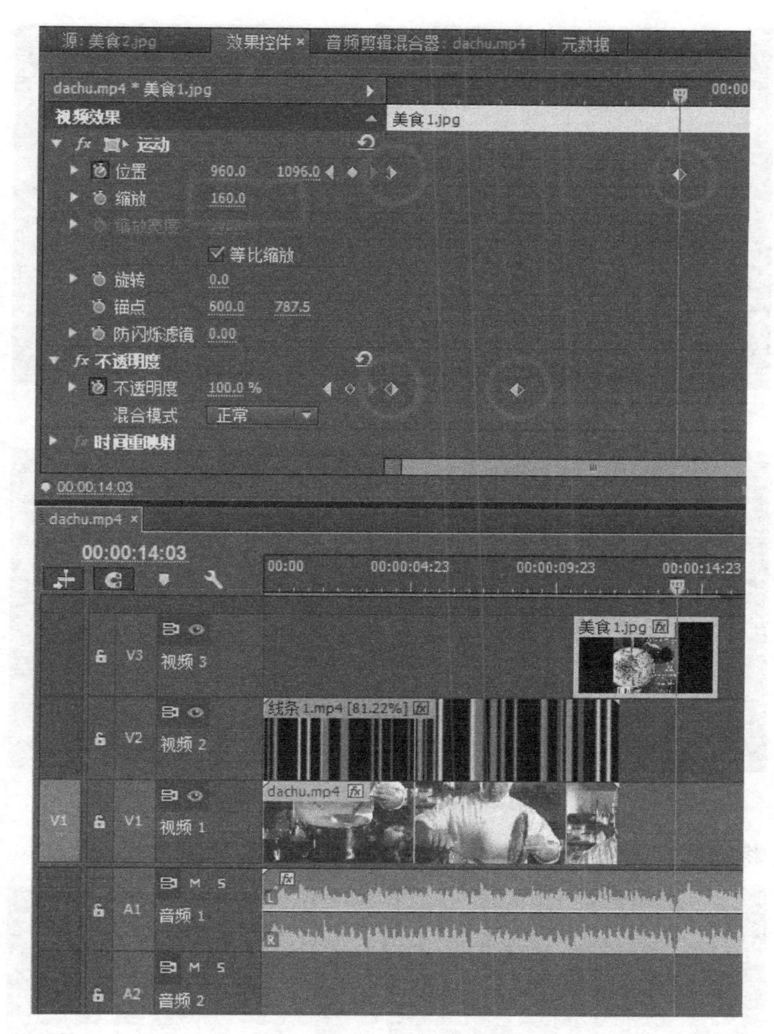


图 3-10　导入第一幅图片并录制透明度和运动动画

图 3-11　为图片一与图片二添加百叶窗转场特效

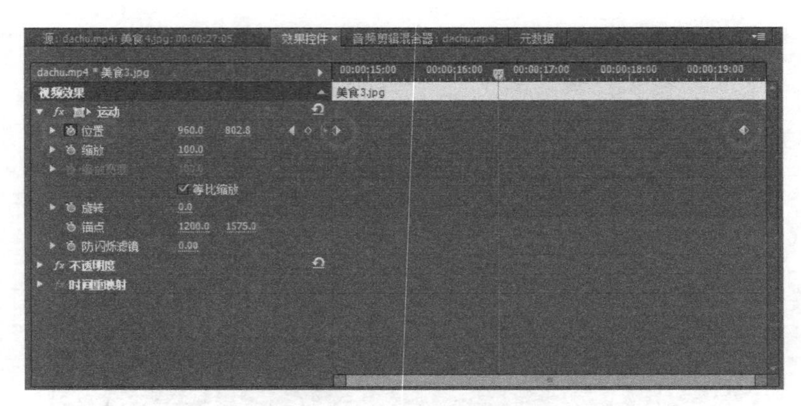


图 3-12　录制图片二运动动画

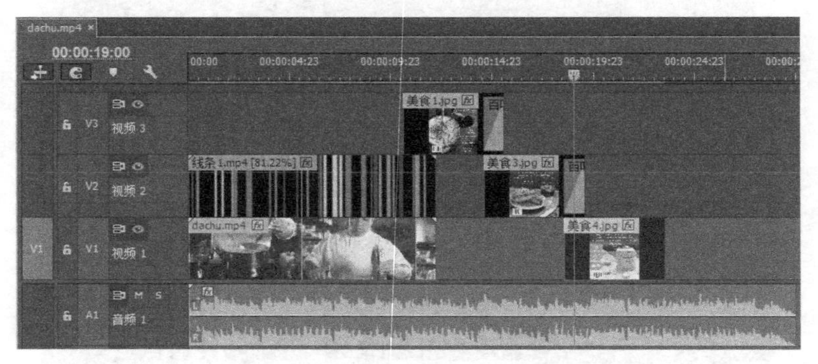


图 3-13　为图片二添加百叶窗特效

【步骤 13】将绿屏背景视频素材导入到视频轨道 3 中，如图 3-14 所示。

图 3-14　导入绿屏背景视频

【步骤 14】为绿屏背景素材添加色度键，用吸管工具吸取视频绿屏颜色，调节相似性，直到绿背景完全去除，如图 3-15 所示。

图 3-15　添加色度键去除绿背景

【步骤 15】在视频素材边缘，有一部分不是绿色，没有被去除掉。再次添加 4 点无用信号遮罩特效，调节节点句柄，将多余部分去除，如图 3-16 所示。

图 3-16　添加 4 点无用信号遮罩

【步骤 16】将定版图导入视频 2 轨道，调整大小，添加高斯模糊特效，录制由清晰到模糊的变化效果，如图 3-17 所示。

图 3-17　导入定版背景图片

【步骤 17】将定版文字素材添加到视频 3 轨道上，录制缩放动画，文字由小至大，为文字添加视频特效中透视下的投影特效，调节透明度与方向，如图 3-18 所示。

图 3-18　导入定版文字

## 任务反馈

本任务综合视频、图片等元素制作影片。如何将所有元素完美结合，任务中运用百叶窗特效制作图片转场与线条素材映衬下的视频素材互相呼应，使得影片具有统一性。同时配以轻松的音乐，温馨的色调，很好地诠释了美食的主题。在制作时，要注意节奏的把握。

## 任务拓展

收集主题素材图片或视频，进行合成。如何把握影片风格，运用素材突出主题合成是重点，同时适当运用第三方软件进行整合，使画面视觉效果更丰富。例如：风光主题、动物主题等。

# 城 市 新 闻

## 任务展示

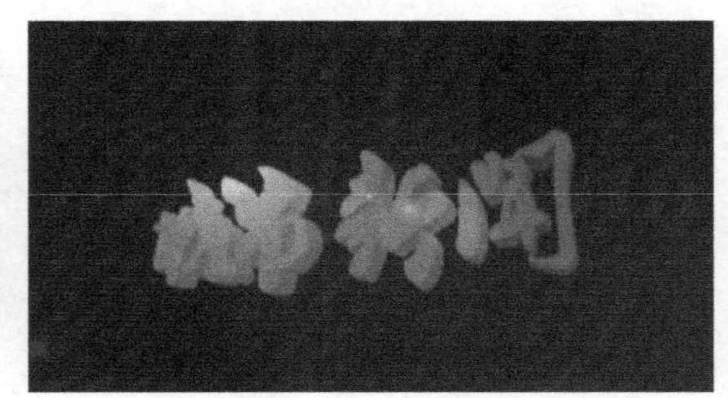


图 4-1　城市新闻任务展示

## 任务分析

本任务以实拍为画面主题内容，不同画面通过动感的曲线遮罩贯穿，寓意城市日新月异的发展变化，同时也使不同的镜头流畅地有机组合。结尾导入三维定版文字标题，配以光照效果，画龙点睛。色彩上，对不同素材进行校色，整体偏暖色调，赋予了飞速发展城市的和谐与律动，传递出温馨的感受。

## 任务步骤

**【步骤 1】**首先在三维软件中制作定版文字，打开 3ds Max 软件，在创建面板中选择二维创建命令下的“文本”，输入文字内容，设置字号字体，如图 4-2 所示。

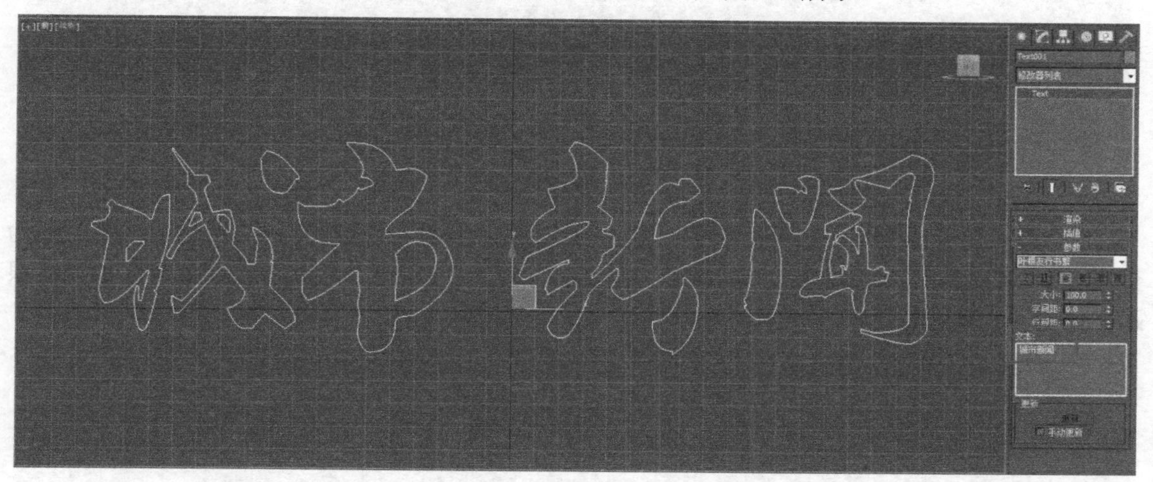


图 4-2 创建文字

**【步骤 2】**在修改面板下，为文字添加倒角命令，在弹出的倒角属性面板中，勾选曲面下的“曲线侧面”，设置级别 1 高度为 2.0，级别轮廓为 1.0；级别 2 高度为 20.0，级别轮廓为 0；级别 3 高度为 2.0，级别轮廓为-1.0；文字具有厚度的同时，产生凸起的外轮廓，如图 4-3 所示。

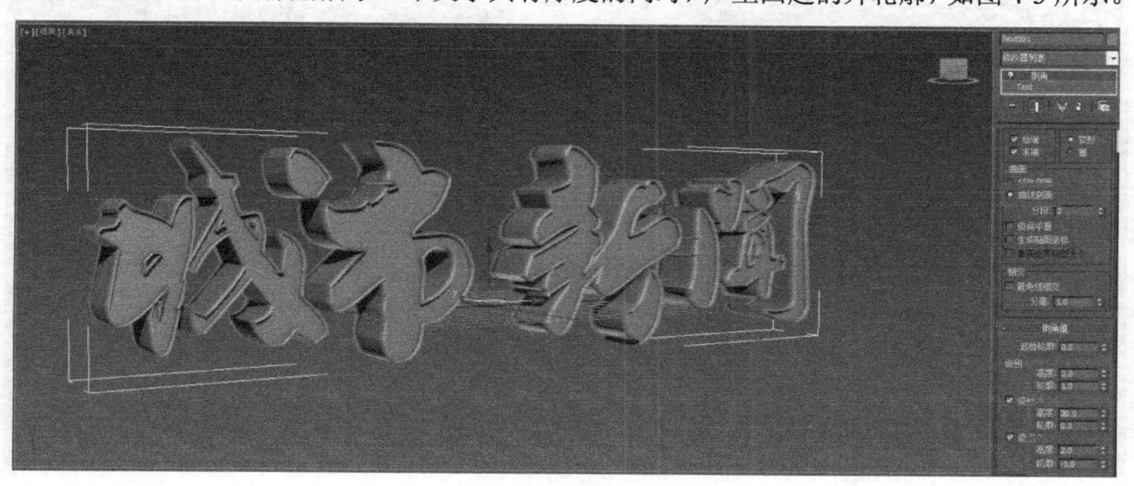


图 4-3 为文字添加倒角

**【步骤 3】**在创建面板中，为场景添加目标摄像机，在各视图调节摄像机角度，使得定版文字具有大气、仰视效果，如图 4-4 所示。

图 4-4　添加摄像机

【步骤 4】选择文字，打开材质编辑器，为文字指定材质。选择空白材质球，材质类型为金属。解除环境光与漫反射的关联，设定环境光为绿色，漫反射为暖红色。为反射添加光线跟踪，如图 4-5 所示。

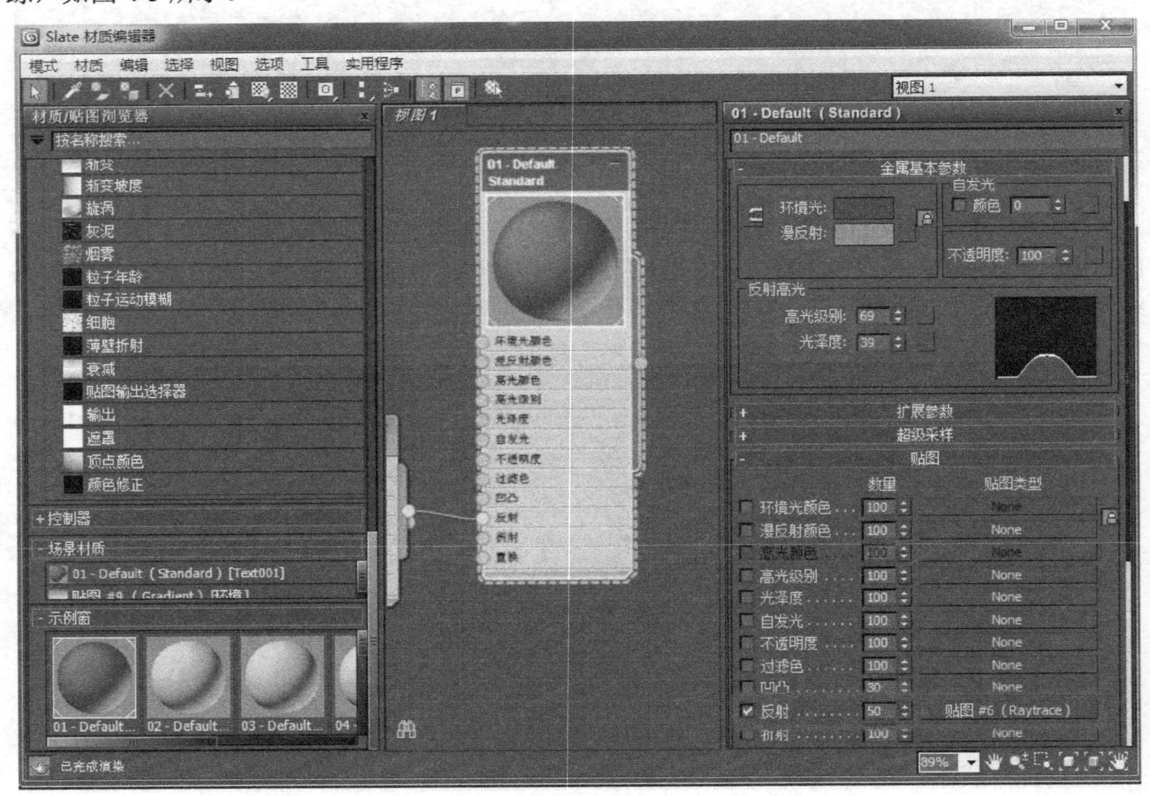


图 4-5　为文字设置材质

【步骤 5】接下来为文字录制动画，文字要一个一个从镜头外飞入镜头，需要将现在一个整体的文字进行分离。选择文字，在文字上单击鼠标右键，在弹出的菜单中选择“转换为”→“转换为可编辑多边形”，如图 4-6 所示。

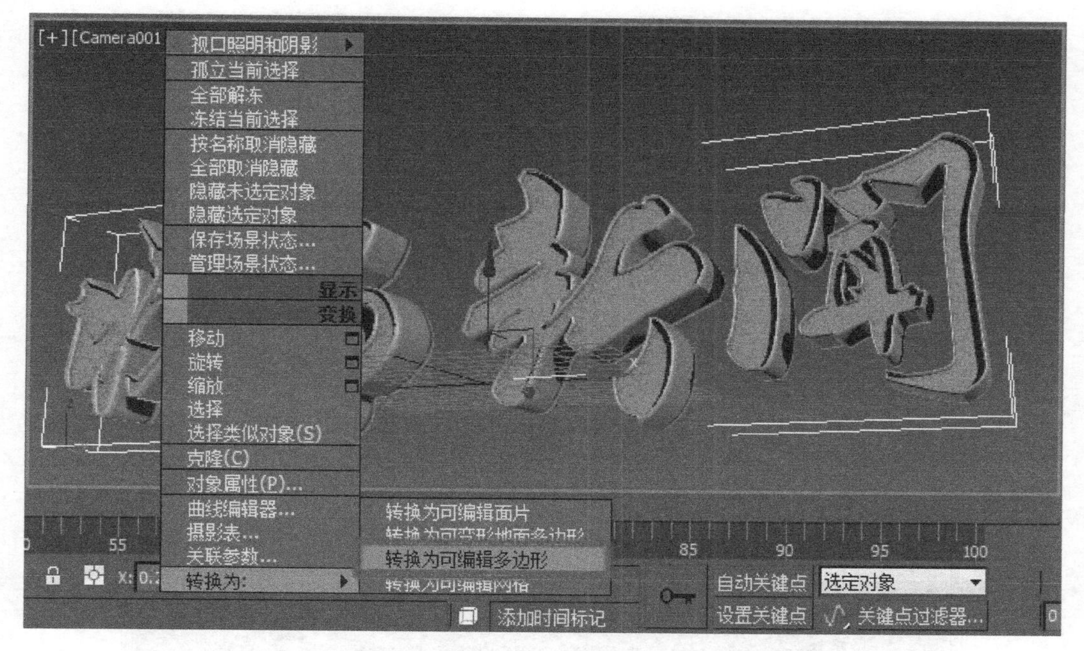


图 4-6　将文字转换为可编辑多边形

【步骤 6】在选择面板下按元素命令按钮分别选择每个文字，选择编辑几何体面板下的分离命令，将四个文字分离为单独文字，如图 4-7 所示。

图 4-7　分离文字

【步骤 7】将整体文字分离为四个单独的文字，可以在快捷工具栏中，选择按名称选择，对每个文字进行精确操作，如图 4-8 所示。

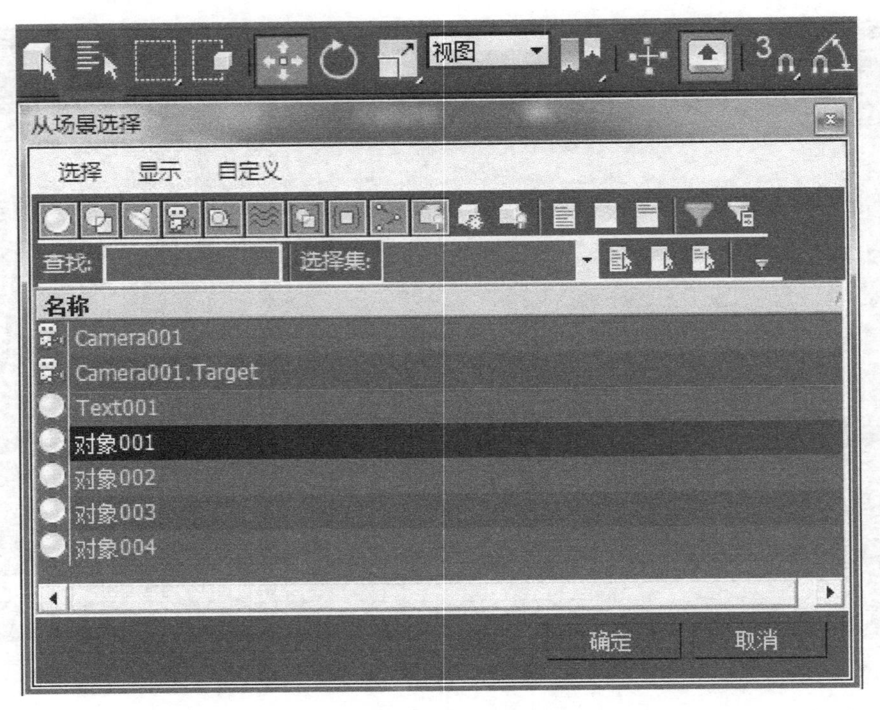


图 4-8　按名称选择文字

**【步骤 8】**录制文字动画前，首先应将时间配置进行设置。打开时间线旁的时间配置面板，更改帧速率为“PAL”，动画结束时间为“100”，如图 4-9 所示。

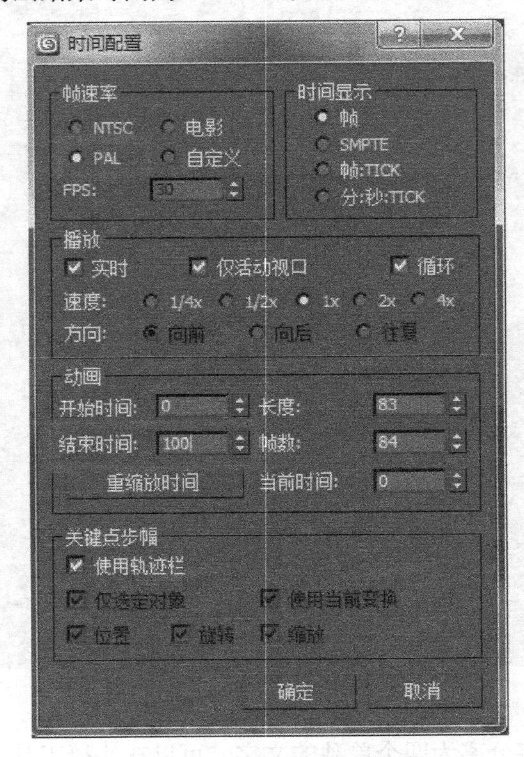


图 4-9　对时间配置进行设置

【步骤 9】分别录制“城”字 0～20 帧，“市”字 20～40 帧，“新”字 40～60 帧，“闻”字 60～80 帧，文字由镜头外飞入动画，如图 4-10 所示。

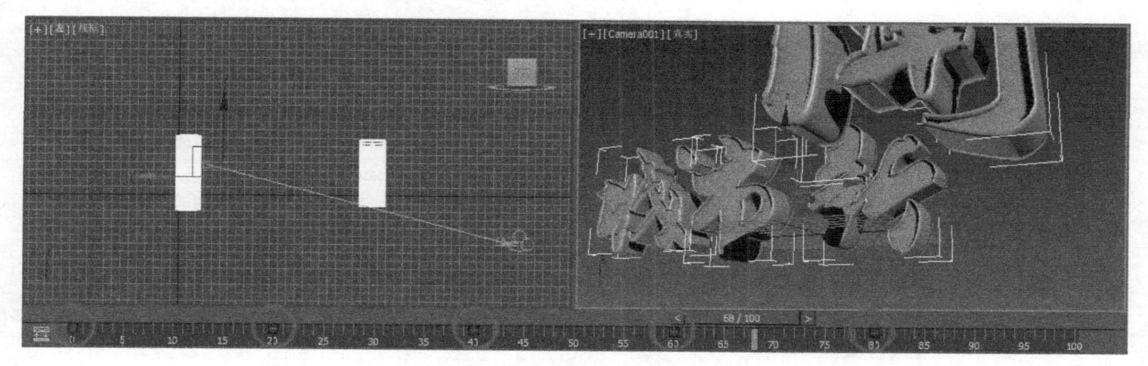

图 4-10　录制文字入镜动画

【步骤 10】打开渲染设置面板，设置范围为 0～100，输出大小选择“PAL D-1（视频）”，设置保存路径，单击渲染输出.png 序列文件，如图 4-11 所示。

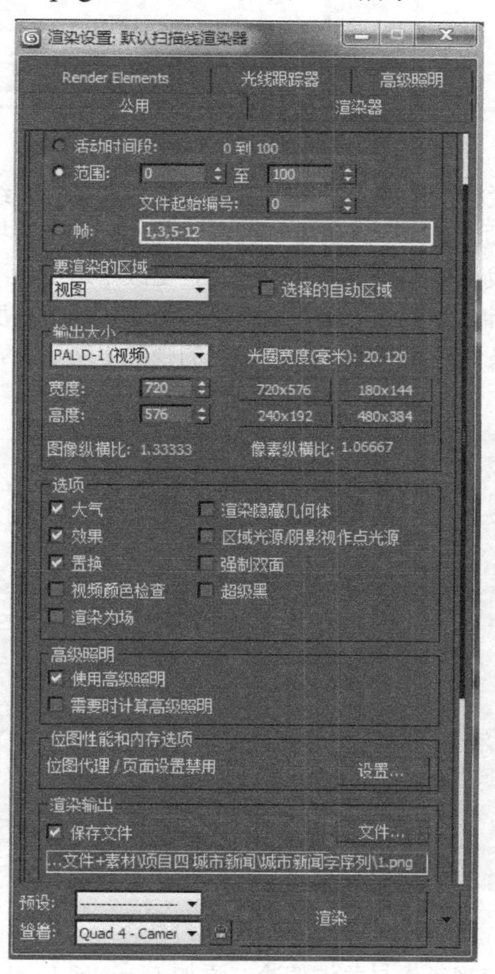


图 4-11　输出文字动画

【步骤 11】打开 Adobe Premiere Pro CC 软件 ，双击项目面板，打开导入素材面板，选择文字序列，勾选图像序列选项，将背景透明的文字动画导入项目面板，如图 4-12 所示。

图 4-12　导入序列

【步骤 12】导入视频素材，将第一段城市视频素材拖曳至时间线的视频 2 轨道上，解除视频与音频的关联，删除音频，更改不透明度下的混合模式为滤色。将背景音乐拖曳到时间线音频轨道上。将遮罩素材拖曳至时间线视频轨道 3 上，更改不透明度下的混合模式为滤色，用比例拉伸工具对遮罩进行拉伸，与音频同长，取消等比缩放，调节高度与宽度，录制由左向右移动的运动动画。将红色线条背景素材拖曳至时间线的视频 1 轨道上，设置不透明度为 50%并复制 6 次，如图 4-13 所示。

图 4-13　导入视频素材

【步骤 13】第一段城市视频素材色调偏冷，添加 Lumetri Looks 特效下的色温中的整体暖色特效，将影片色调进行暖色处理，如图 4-14 所示。

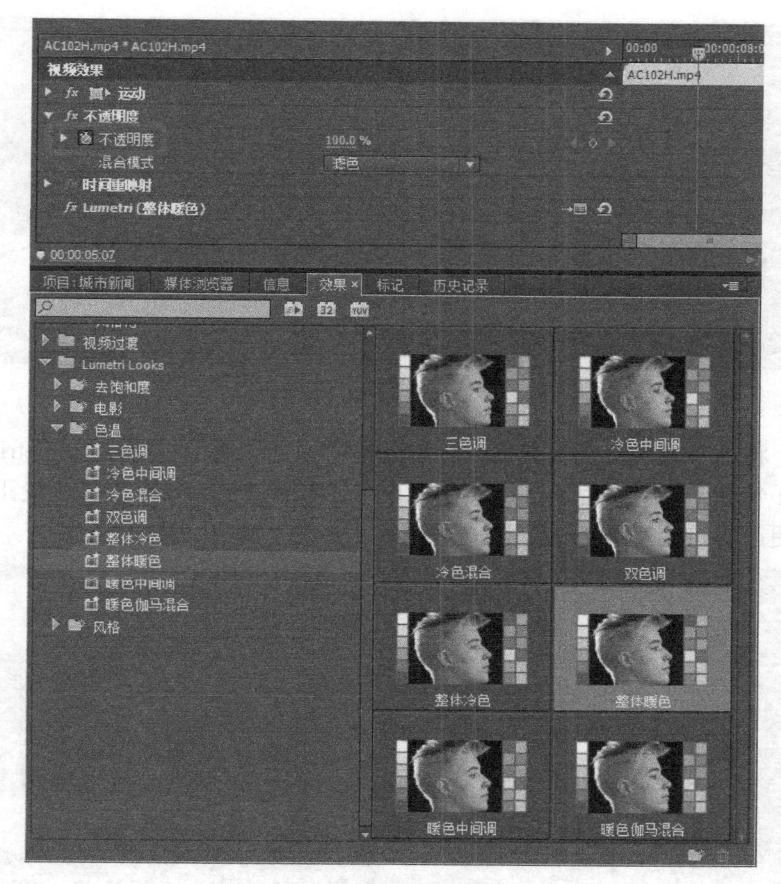


图 4-14　为城市素材 1 添加特效

**【步骤 14】**将第二段城市素材拖曳到时间线的视频 2 轨道上，添加 Lumetri Looks 特效下的风格中的梦想 1 特效，将影片色调进行暖色处理，再次添加视频效果下颜色校正中的亮度曲线特效。更改不透明度下的混合模式为滤色，如图 4-15 所示。

图 4-15　为城市素材 2 添加特效

**【步骤 15】** 将第三段城市素材拖曳到时间线的视频 2 轨道上，添加 Lumetri Looks 特效下风格中的七十年代 1 特效，将影片色调进行暖色处理，再次添加视频效果下的颜色校正中的 RGB 曲线特效。更改不透明度下的混合模式为滤色，如图 4-16 所示。

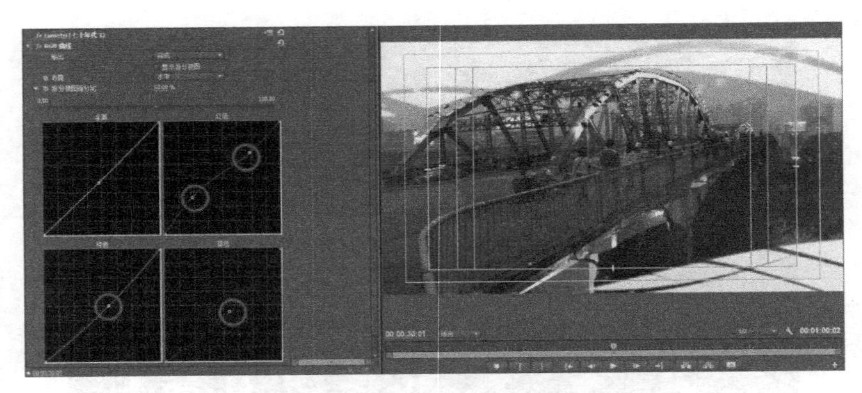

图 4-16　为城市素材 3 添加特效

**【步骤 16】**将第三段城市素材拖曳到时间线的视频 2 轨道上，添加 Lumetri Looks 特效下电影中的电影 1 特效，将影片色调进行暖色处理，再次添加视频效果下颜色校正中的三向颜色校正器特效。更改不透明度下的混合模式为滤色，如图 4-17 所示。

图 4-17　为城市素材 4 添加特效

**【步骤 17】**在时间线的视频轨道上单击鼠标右键，选择“添加轨道”，在弹出的“添加轨道”面板中，将添加视频轨道数量设置为 1，音频轨道设置为 0，如图 4-19 所示。



图 4-18　添加视频轨道

【步骤 18】选择菜单“字幕”→“新建字幕”，在弹出的菜单中选择“默认滚动字幕”选项，创建滚动字幕，如图 4-19 所示。

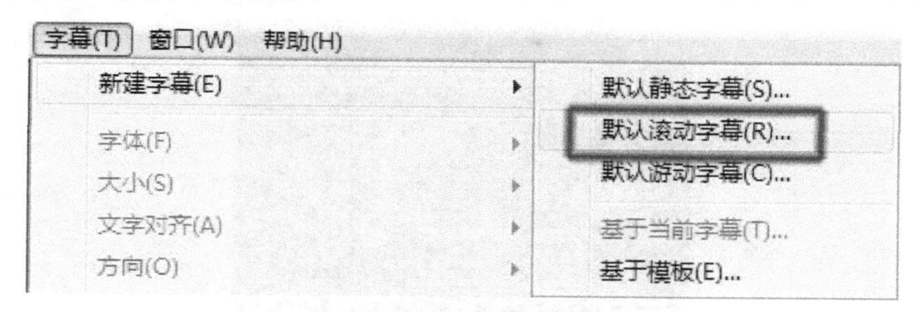


图 4-19 创建滚动字幕

【步骤 19】在弹出的“新建字幕”窗口中，设置时基为 25.00fps，如图 4-20 所示。

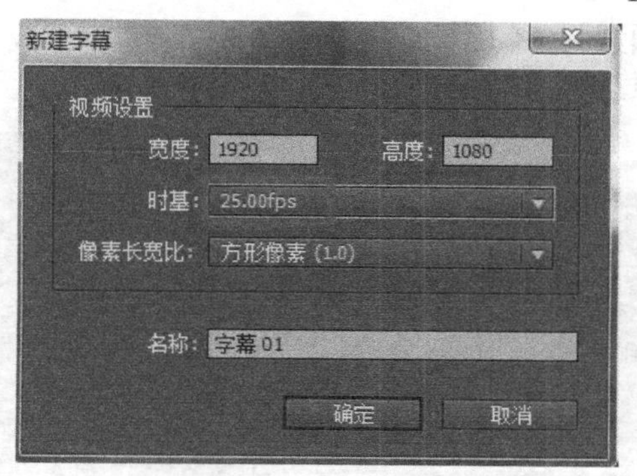


图 4-20 为新建字幕设置帧频

【步骤 20】在打开的字幕面板中，设置字体、样式、字号等，单击滚动/游动选项按钮，如图 4-21 所示。

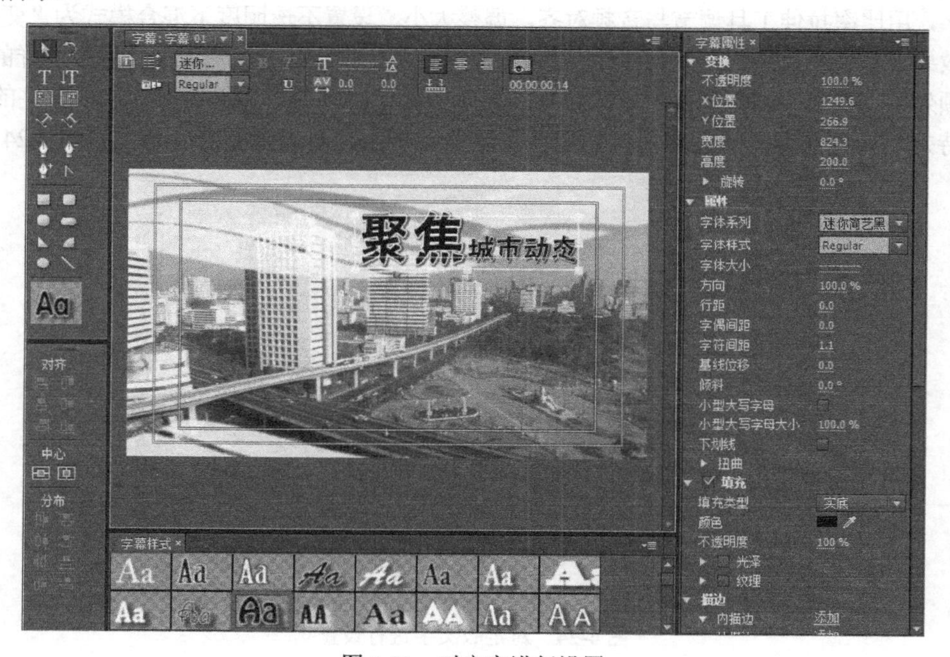


图 4-21 对文字进行设置

【步骤 21】在弹出的“滚动/游动选项”面板中，勾选字幕类型下的“向左游动”，定时下的“开始于屏幕外”“结束于屏幕外”选项，如图 4-22 所示。

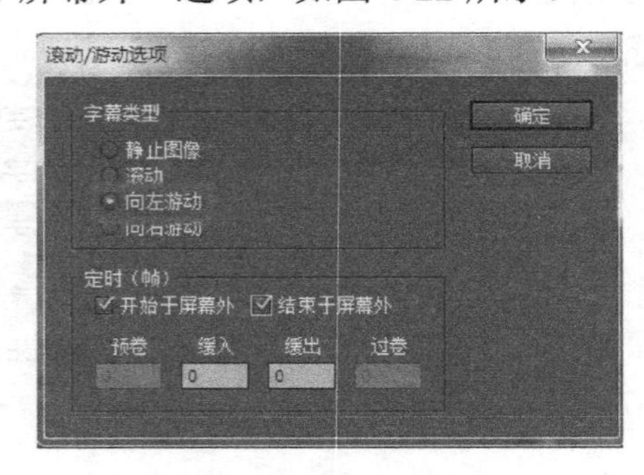


图 4-22　设置素材 1 文字游动

【步骤 22】在城市视频素材 3 上添加字幕，设置字体、样式、字号等，添加“向左游动”“开始于屏幕外”“结束于屏幕外”游动动画，如图 4-23 所示。

图 4-23　设置素材 3 文字游动

【步骤 23】将定版文字序列动画拖曳至时间线的视频 3 轨道上，再次单独导入最后一帧静止定版文字，用比率拉伸工具调节与音频对齐，调整大小，设置不透明度下混合模式为“变亮”，添加视频效果下颜色校正中的亮度与对比度特效，调节参数。对最后一帧定版文字进行同样的设置，添加视频效果下生成中的镜头光晕特效，录制光晕中心运动动画。为最后一帧定版文字的背景添加色调特效，将背景调节为偏冷色调，调节着重色录制色调由暖到冷的动画，如图 4-24 所示。

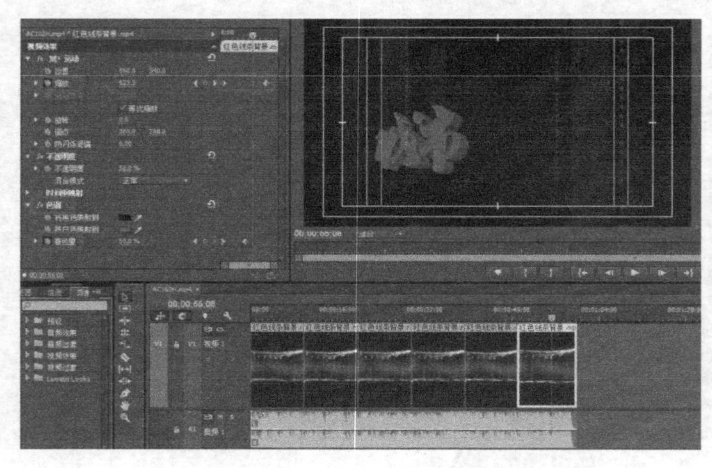

图 4-24　对定版文字进行设置

## 任务反馈

在三维软件中制作立体文字，注意做出边缘凸起效果。整部影片的色调调节是重点，全片以统一的暖调为基调，同时注重冷暖对比，在结束时背景由暖转冷，衬托暖色的定版文字，突出主题。Lumetri Looks 特效为 CC 中新增的特效，预设了多种效果，应多练习，在应用中加深理解。

## 任务拓展

不同素材如何既保持各自的特点，又能为同一主题服务，运用遮罩统一画面色调。选择不同时段拍摄、不同风格的视频，运用技术手段统一画面色调和风格，结合三维软件使影片更具观赏性。

# 体育报道

## 任务展示

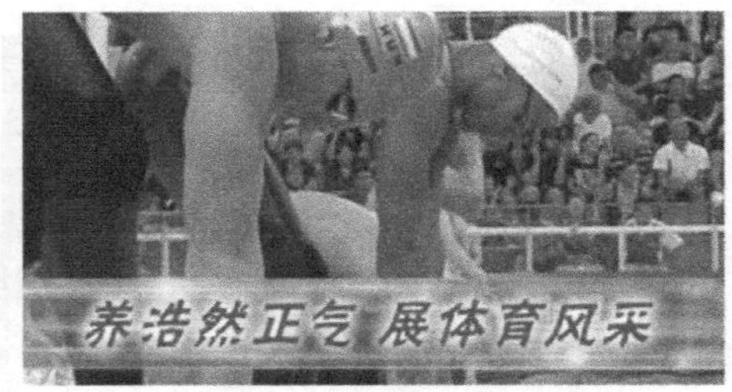

图 5-1　体育报道任务展示

## 任务分析

本任务整体影片呈冷色调处理，传递给受众清爽利落的信息。字幕以动感呈现的方式，对动感镜头进行慢放接快放处理，配以节奏感的背景音乐，充分体现影片运动主题。节奏的把握是关键，整部影片要张弛有度。

## 任务步骤

【步骤 1】首先创建三维定版文字。打开 3ds Max 软件，在创建面板中选择二维创建命令下的文本，输入文字内容，设置字号字体，如图 5-2 所示。

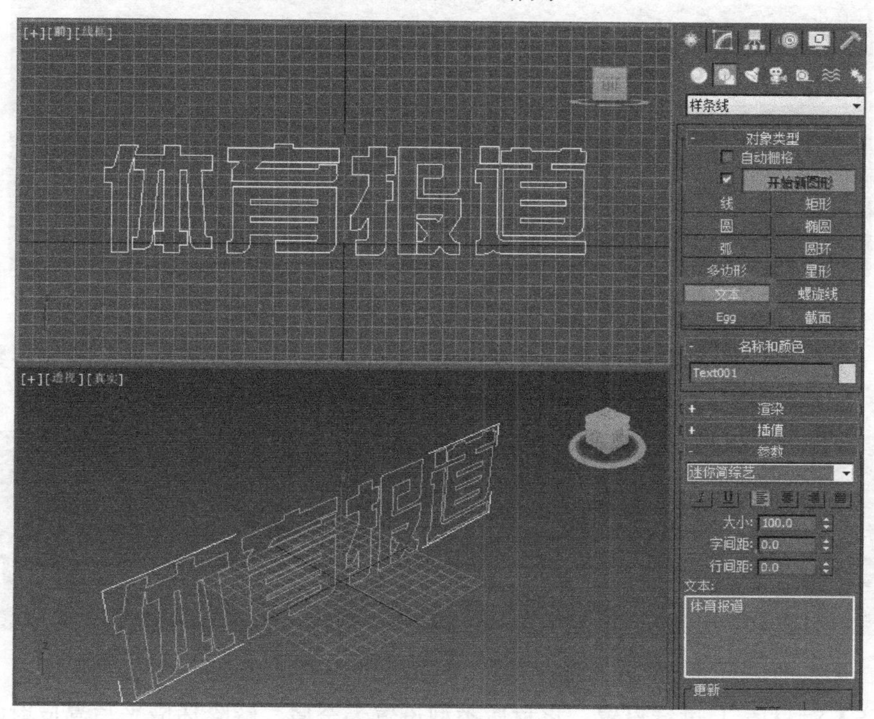


图 5-2 创建文字

【步骤 2】为文字添加倒角命令，选择曲线侧面，分段设置为“2”。勾选“避免线交错”，分离设置为 2.0。级别 1 高度为 10，轮廓为 1.0；级别 2 高度为 50，轮廓为 0.0；级别 3 高度为 10，轮廓为-1.0；如图 5-3 所示。

图 5-3 立体化文字

【步骤 3】在文字上单击鼠标右键，将文字转换为可编辑的多边形。使用子物体面命令，选择文字的前后面，为文字指定材质 ID 为 1，在“编辑”菜单下选择“反选”命令，将除正反面以外的部分材质命名 ID 为 2，如图 5-4 所示。

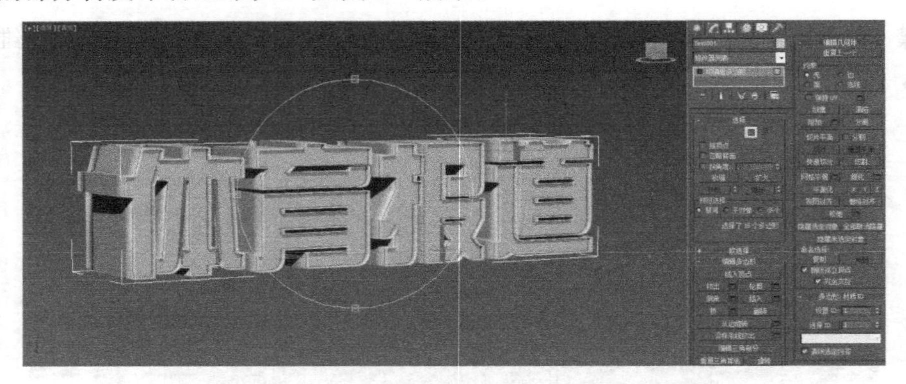


图 5-4　将文字转换为可编辑的多边形并指定材质 ID

【步骤 4】打开材质编辑器，选择“多维/子对象”，在“多维/子对象”基本参数面板中，设置数量为“2”，如图 5-5 所示。

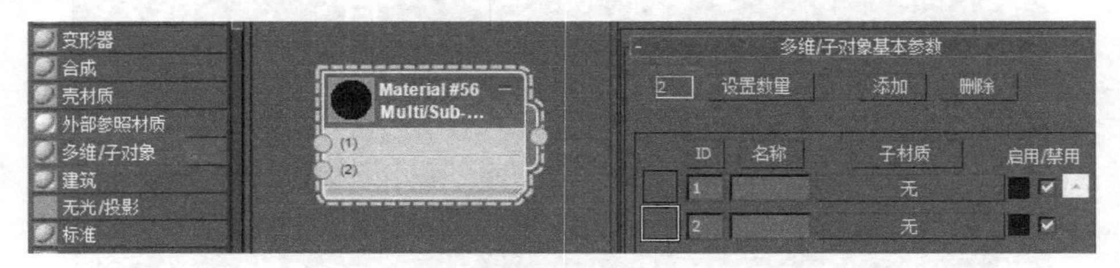


图 5-5　设置多维材质数量

【步骤 5】对材质 1 进行设置。将材质类型设置为金属，解除环境光与漫反射的关联，分别设置环境光与漫反射颜色。勾选“自发光”，设置颜色为“蓝色”。反射高光的高光级别为“50”，光泽度为“10”，为反射添加渐变贴图，如图 5-6 所示。

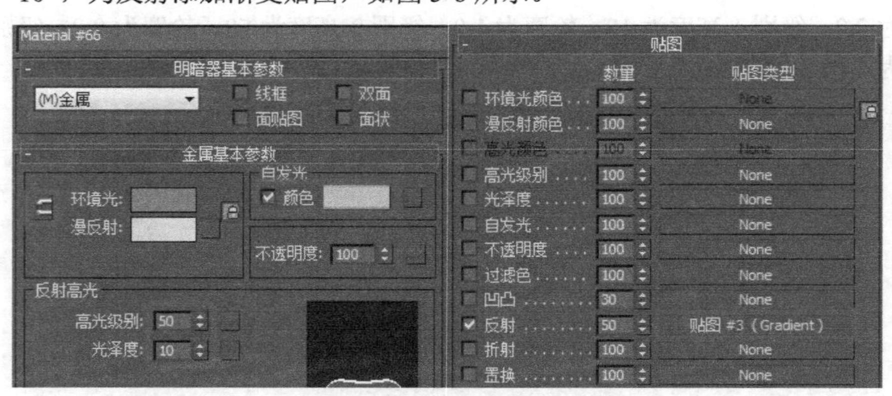


图 5-6　对材质 1 进行设置

【步骤 6】对材质 2 进行设置。将材质类型设置为金属，解除环境光与漫反射的关联，分别设置环境光与漫反射颜色。反射高光的高光级别为“50”，光泽度为“10”，为反射添加白钢材质贴图，如图 5-7 所示。

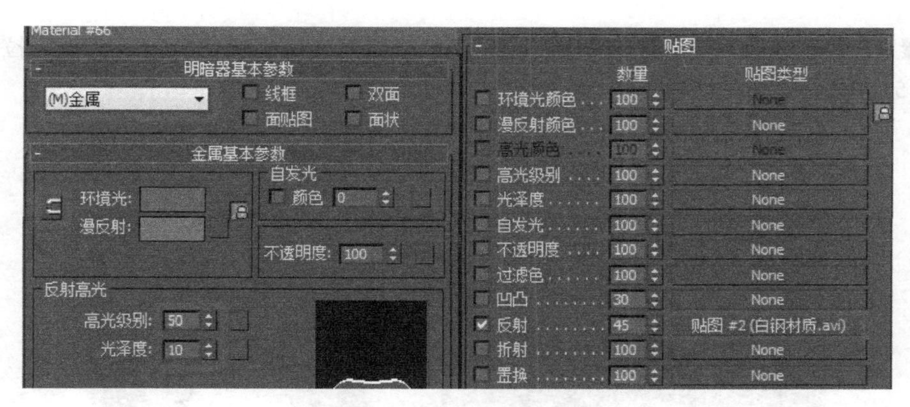


图 5-7　对材质 2 进行设置

【步骤 7】建模、材质完成，接下来制作动画。在制作动画之前，首先应将时间配置进行设置。单击时间线旁的时间配置面板按钮，如图 5-8 所示。

图 5-8　选择时间配置

【步骤 8】在打开的时间配置面板中，更改帧速率为 PAL，动画结束时间为 100，如图 5-9 所示。

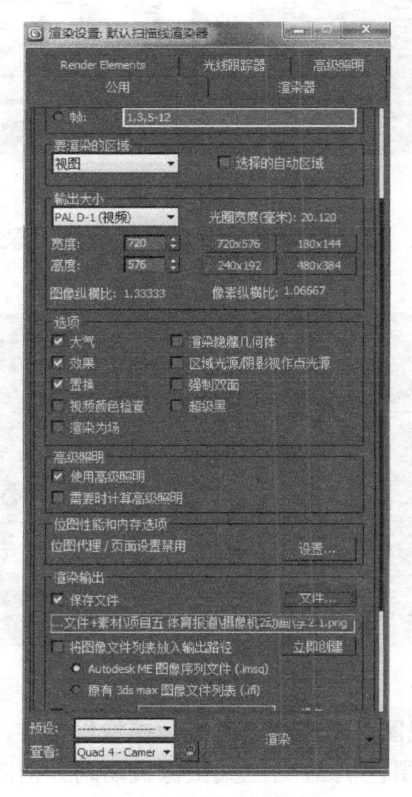


图 5-9　设置时间配置

【步骤 9】创建摄像机 1，调节摄像机角度呈仰视特写，录制摄像机由近仰视到拉远平视动画，如图 5-10 所示。

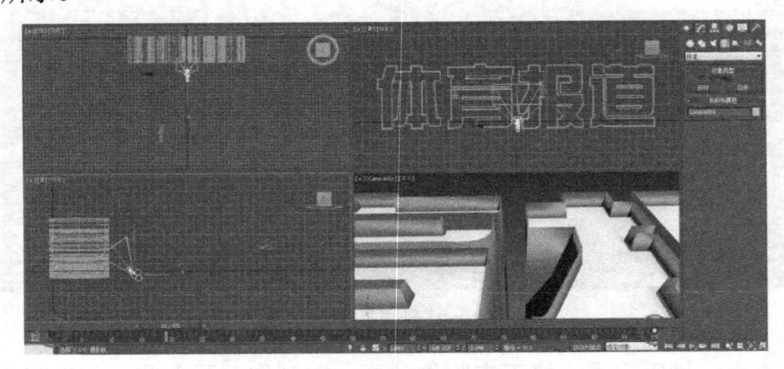

图 5-10　录制摄像机 1 动画

【步骤 10】创建摄像机 2，调节摄像机角度呈平视特写，录制摄像机由右到左平视移动动画，如图 5-11 所示。

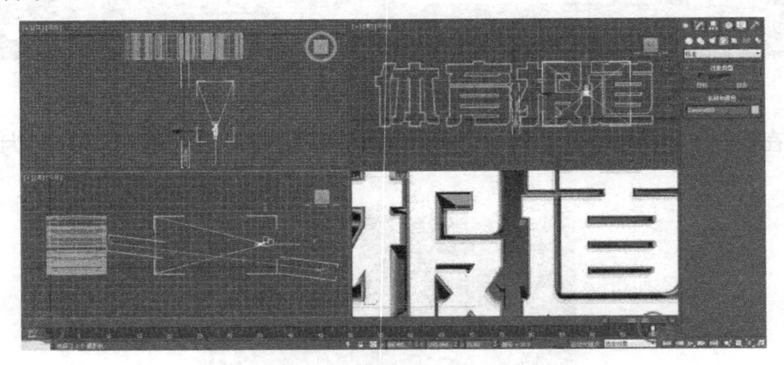

图 5-11　录制摄像机 2 动画

【步骤 11】创建摄像机 3，调节摄像机角度呈仰视角度，录制摄像机由右到左平行移动动画，如图 5-12 所示。

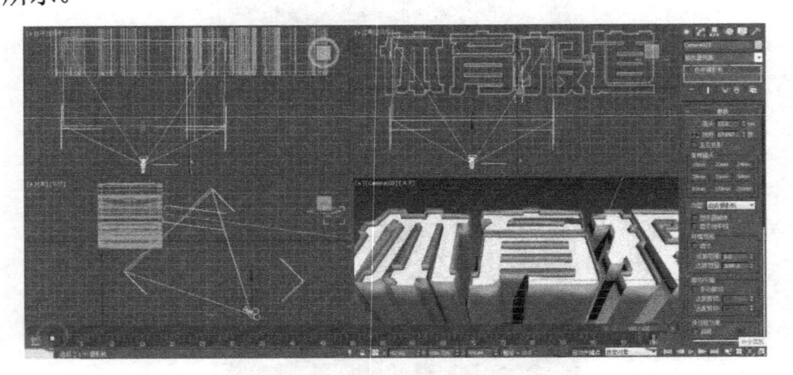

图 5-12　录制摄像机 3 动画

【步骤 12】选择摄像机视图，单击窗口左上角摄像机文字，在弹出的摄像机选项菜单中，依次选择摄像机 1、摄像机 2、摄像机 3，对三架摄像机动画分别渲染动画视频，设置输出大小，输出路径，如图 5-13 所示。

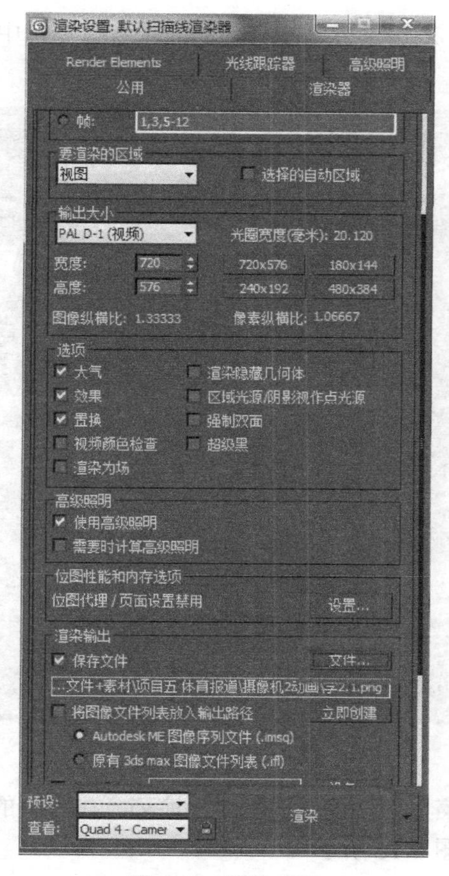


图 5-13　渲染动画

【步骤 13】打开 Adobe Premiere Pro CC 软件，在“文件”菜单下选择“新建项目”，名称命名为“体育报道”，如图 5-14 所示。

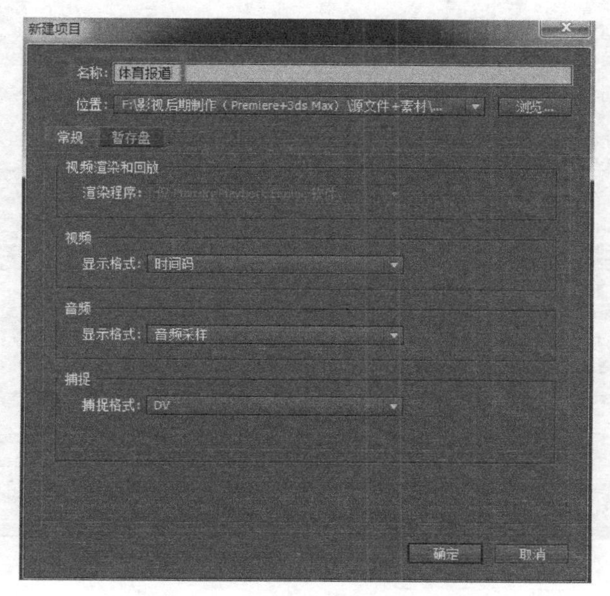


图 5-14　创建体育报道项目

**【步骤 14】**在项目面板，双击鼠标，在打开的导入素材窗口中，导入视频素材，文字序列动画素材，如图 5-15 所示。

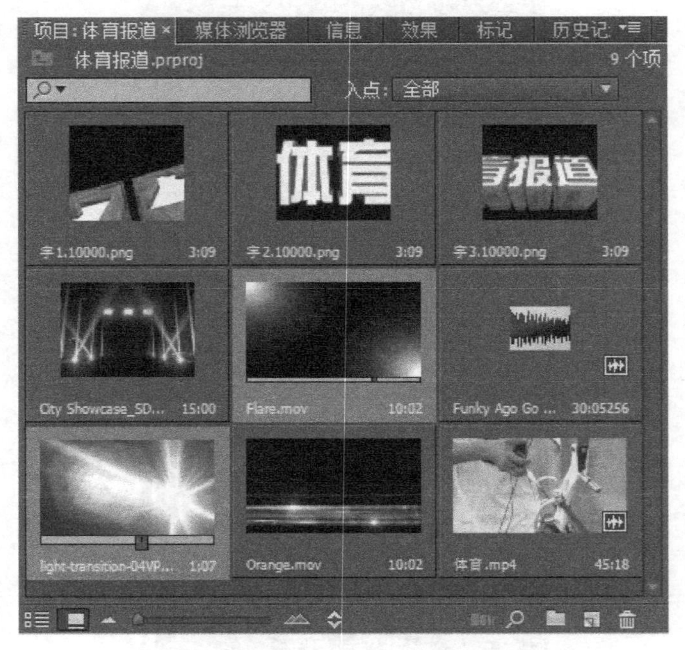


图 5-15　导入素材

**【步骤 15】**在“文件”菜单下，单击“新建”序列。在弹出的“新建序列”面板中，选择“DV-PAL”标准 48kHz，如图 5-16 所示 。

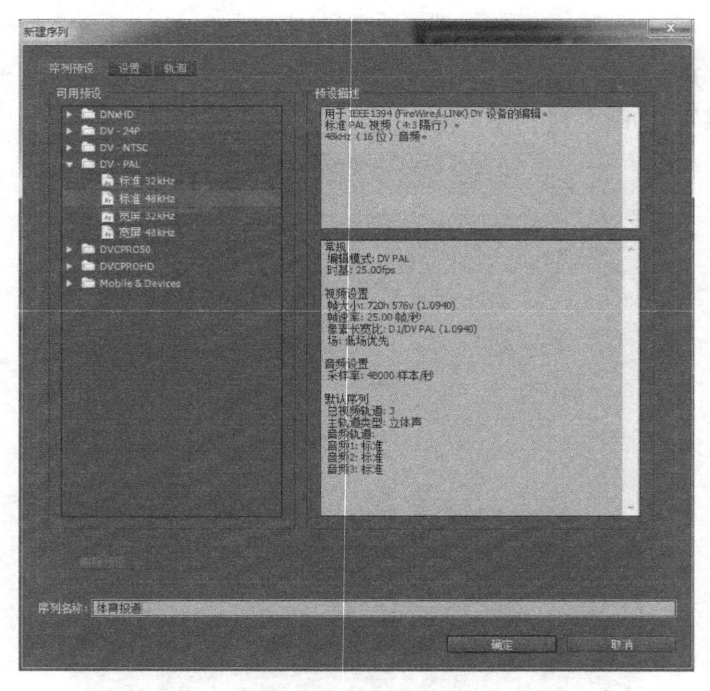


图 5-16　新建序列

【步骤 16】将视频音频素材导入时间轴的视频音频轨道上，用剃刀工具对视频进行裁剪，如图 5-17 所示。

图 5-17 剪裁影片

【步骤 17】将摄像机 3 动画字幕序列，导入视频 V2 轨道，调整其大小并录制位移动画，如图 5-18 所示。

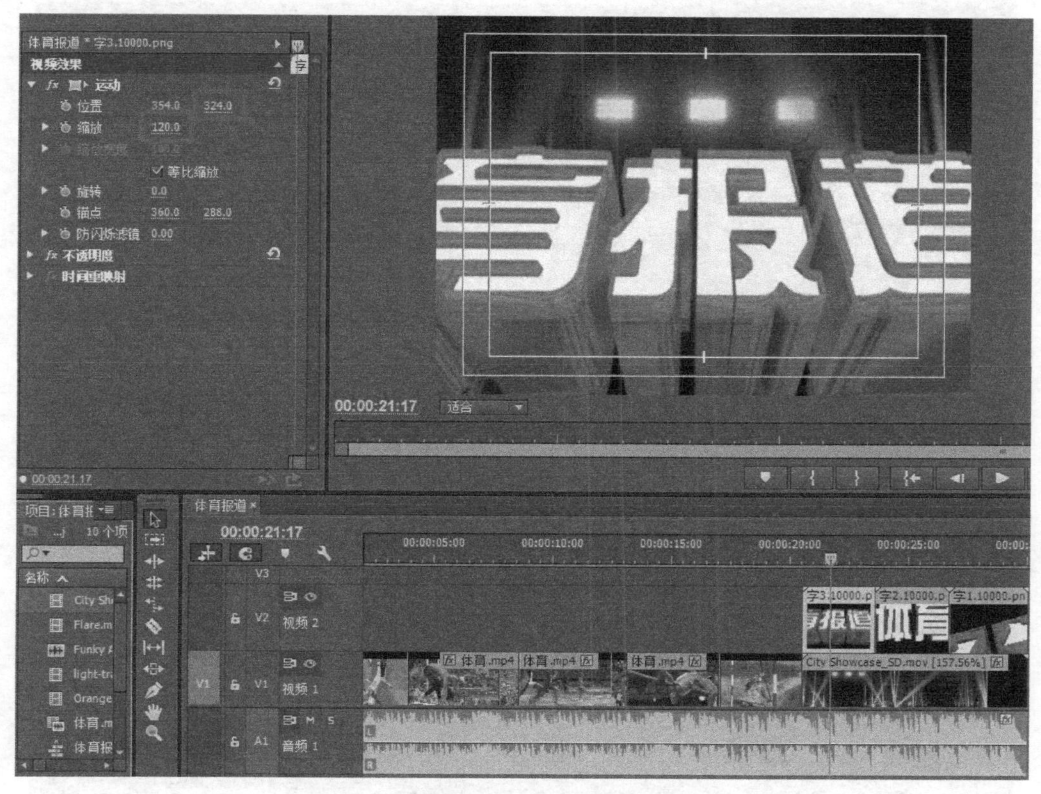


图 5-18 调节摄像机 3 动画字幕位置与大小

【步骤 18】将摄像机 1、2 动画字幕序列，导入视频 V2 轨道，调整其大小并录制位移动画，将背景视频素材导入视频 V1 轨道，对应摄像机 1、2、3 动画字幕序列，调节背景大小，如图 5-19 所示。

**【步骤 19】**导入摄像机 3 动画字幕序列最后一帧制作定版，录制大小、位置动画，如图 5-20 所示。

**【步骤 20】**整体制作的粗剪完成，接下来制作细节部分。首先将投篮视频进行剪裁，把运动员跳起投篮的动作延长，变为慢放，之后接篮球被投入篮筐镜头，这样，使得画面更具动感，如图 5-21 所示。

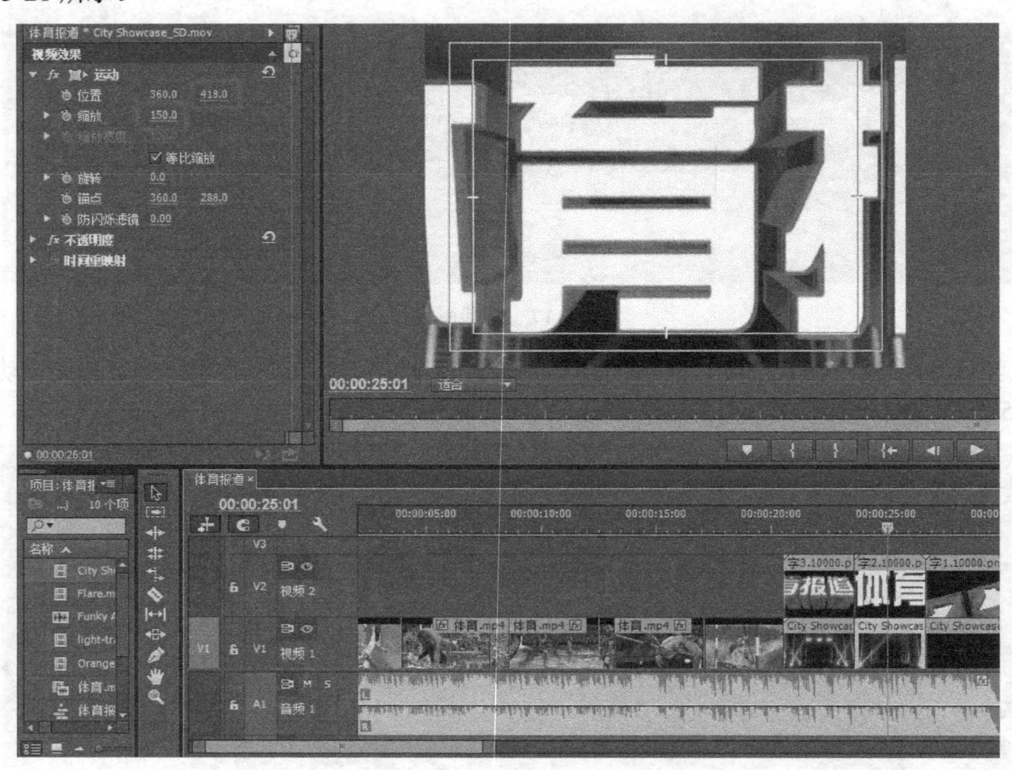

图 5-19　调节背景位置与大小

图 5-20　导入静帧制作定版

图 5-21 视频慢放

【步骤 21】将光转场视频素材导入视频 V3 轨道，为摄像机 3 和 2 动画字幕添加光转场，如图 5-22 所示。

图 5-22 为摄像机 3 和 2 动画添加光转场

【步骤 22】将第二个光转场视频素材导入视频 V3 轨道，为摄像机 2 和 1 动画字幕添加光转场，调节光转场视频不透明度下的混合模式，如图 5-23 所示。

图 5-23　为摄像机 2 和 1 动画添加光转场

**【步骤 23】**将字幕条视频素材导入视频 V2 轨道，添加视频效果下颜色校正中的色调特效，设置将黑色映射到蓝色，使暖色的视频变为与画面统一的冷色调，如图 5-24 所示。

图 5-24　导入字幕条并校色

**【步骤 24】**添加字幕，设置字幕样式，字体，字号，颜色，如图 5-25 所示。

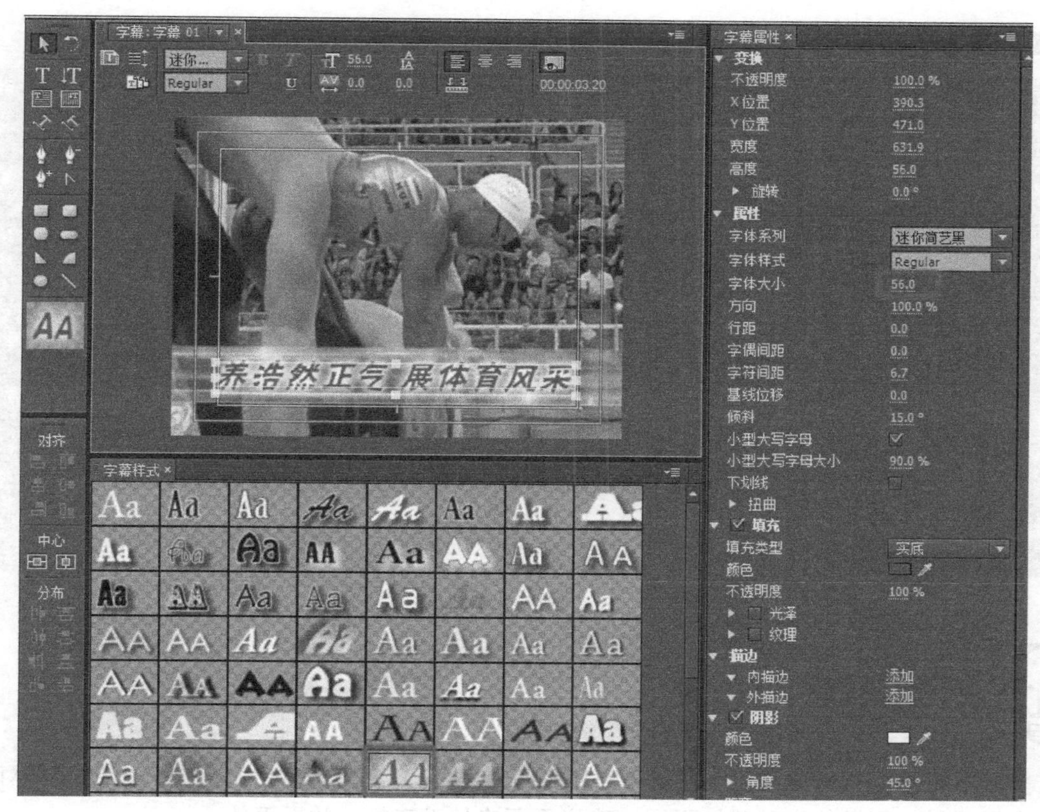


图 5-25　制作字幕

**【步骤 25】**将字幕导入时间轴，放置在字幕条之上，调节字幕长短，如图 5-26 所示。

图 5-26　将字幕导入时间轴

【步骤 26】最后对所有素材进行全面调节，使音画同步，如图 5-27 所示。

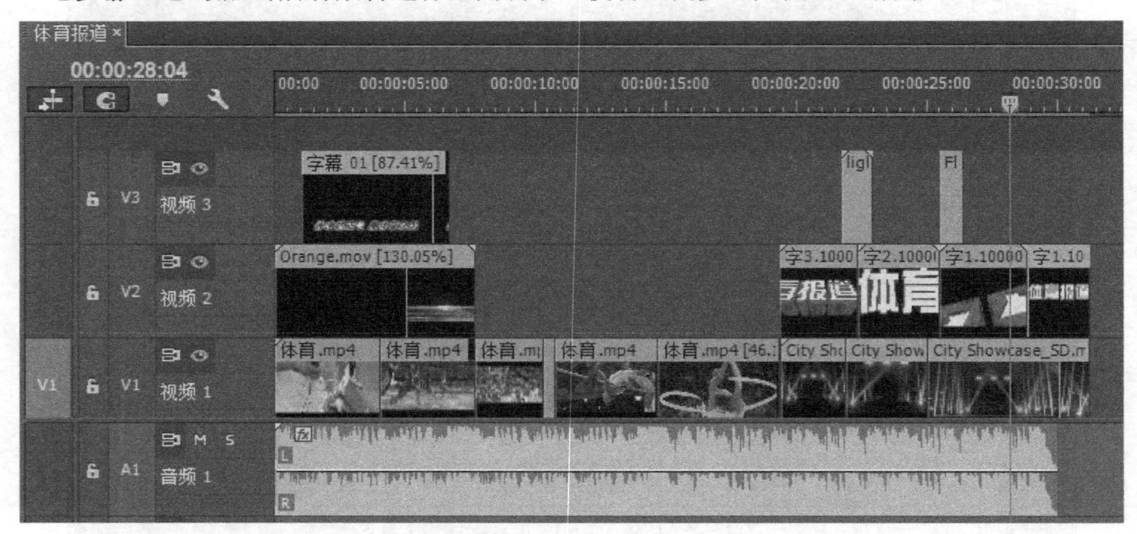


图 5-27　精确调整音画对位

## 任务反馈

多段素材的剪辑与组接，应注意不要留白场和黑场。背景音乐不是逐渐淡出而是戛然而止时，由于视觉与听觉的先后感知不同，建议画面略长于音频，效果更佳。

## 任务拓展

视频播放速度对影片整体节奏有着至关重要的作用，适当的播放节奏使影片更具张力。选择一段动作电影视频，对影片的分镜头分别进行快放与慢放处理，加强节奏感。

# 民俗文化

## 任务展示

图 6-1　民俗文化任务展示

## 任务分析

本任务使用 Magic Bullet Suite 调色插件，对不同色调影片素材进行校色，形成统一风格，紊乱置换特效应用，编辑后的影片结合传统元素彰显主题。

## 任务步骤

【步骤 1】打开 Premiere CC 软件，按键盘上的“Ctrl+Alt+N”组合键，打开“新建项目”面板，名称为“民俗文化”，如图 6-2 所示。

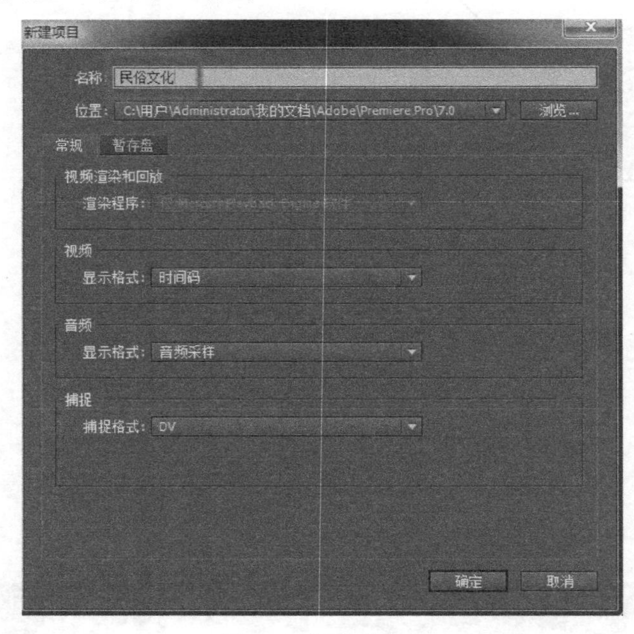


图 6-2　创建新项目

【步骤 2】按键盘上的“Ctrl+N”组合键，打开“新建项目”面板，选择“DV-PAL”，标准“48kHz”，名称为“民俗”，如图 6-3 所示。

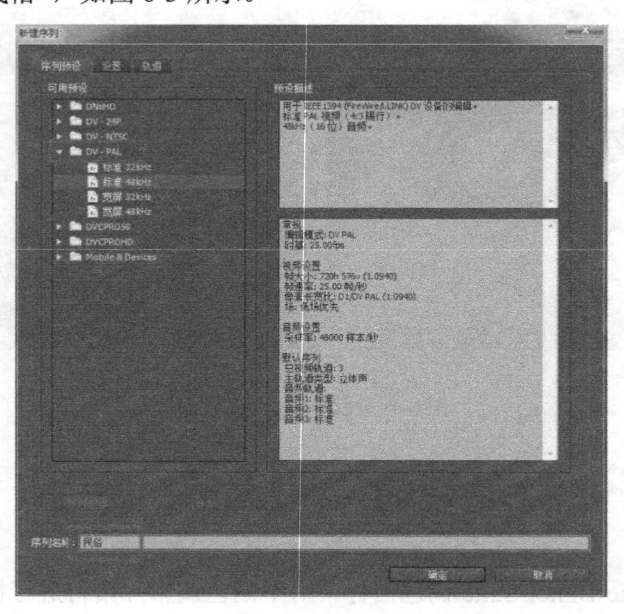


图 6-3　新建序列

【步骤 3】在项目窗口双击鼠标，导入视频音频素材。将视频素材拖至时间轴，此时会弹出“剪辑不匹配警告”对话框，选择保持现有设置，序列将不会按照影片尺寸而改变，通过调节视频素材大小，使素材适合预先设置的DV-PAL尺寸，如图6-4所示。

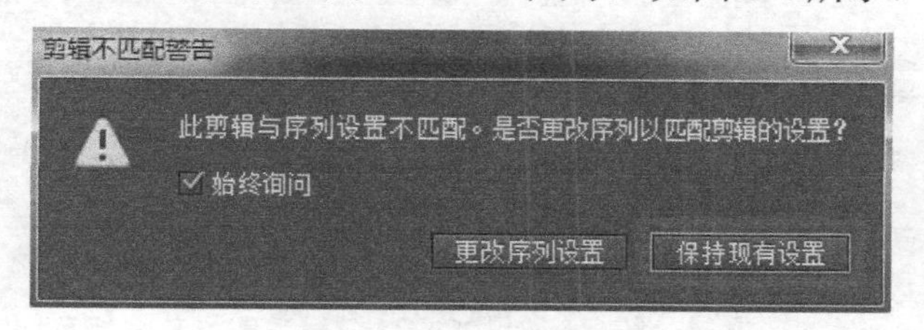


图6-4　保持现有设置

【步骤 4】将音视频素材导入时间轴，用剃刀工具对影片和音乐进行初步剪切，根据音乐旋律调整画面长短，用箭头工具调节顺序，如图6-5所示。

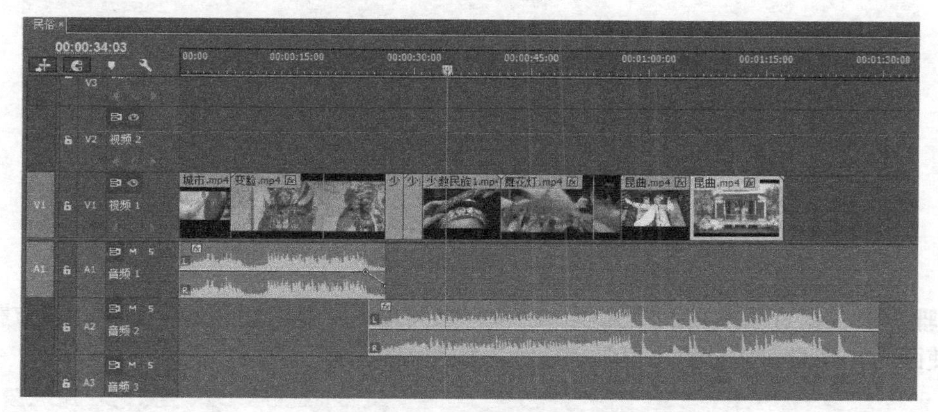


图6-5　对素材初步编辑

【步骤 5】制作影片的过程与绘画过程是一样的，先整体再局部。粗剪完成后，基于影片完整性的需要制作定版，将定版所需素材导入时间线，如图6-6所示。

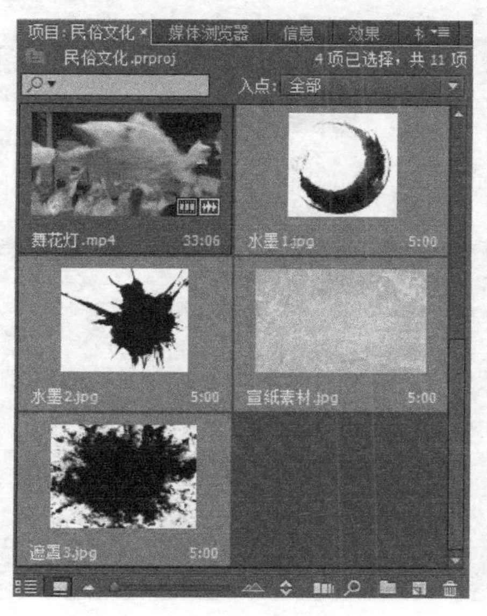


图6-6　导入制作定版所需素材

【步骤 6】用工具栏中的比率拉伸工具调节定版背景与音频同长，如图 6-7 所示。

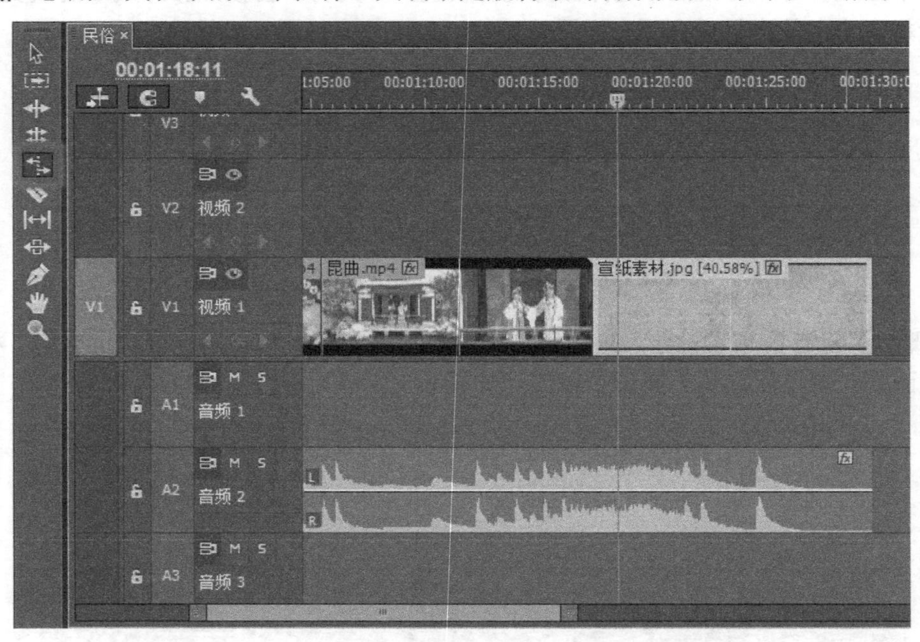


图 6-7　调节定版背景

【步骤 7】根据音乐节拍调节画面，制作音画同步。将昆曲影片进行剪辑，调节影片缩放比例，使画面与背景音乐合拍，更具表现力，如图 6-8 所示。

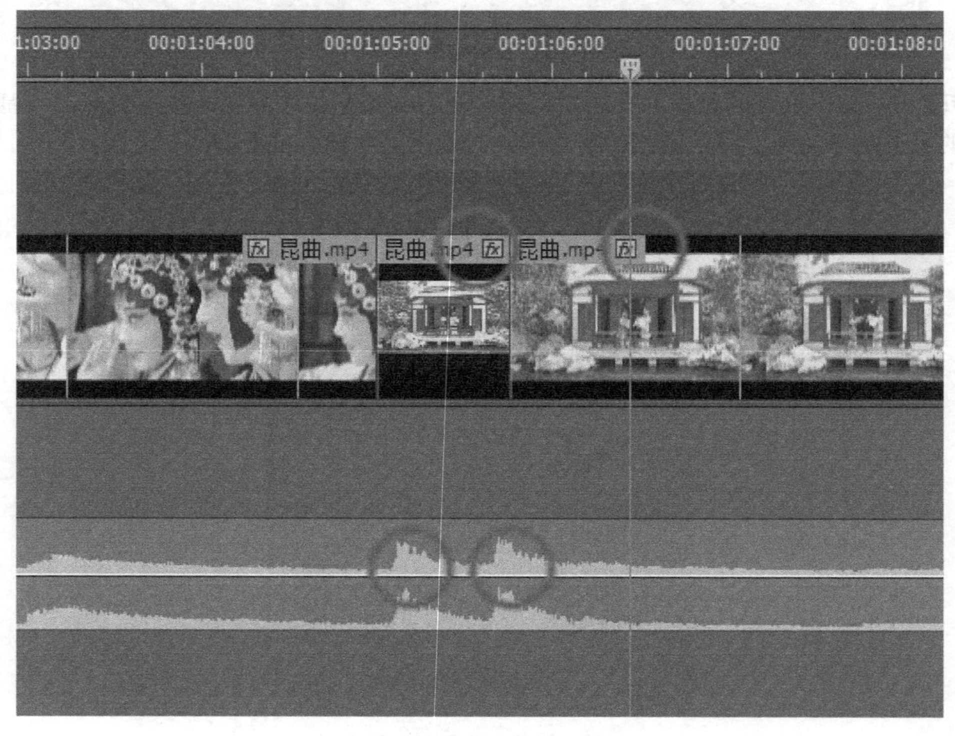


图 6-8　调节音画同步

【步骤 8】选择视频效果下 Magic Bullet Colorista 中的 Colorista II 特效，调节 Primary 3-Way 中的 Shadow、Midtone、Highlight 的参数，设置 Primary Saturation 的数值为 5.00，如图 6-9 所示。

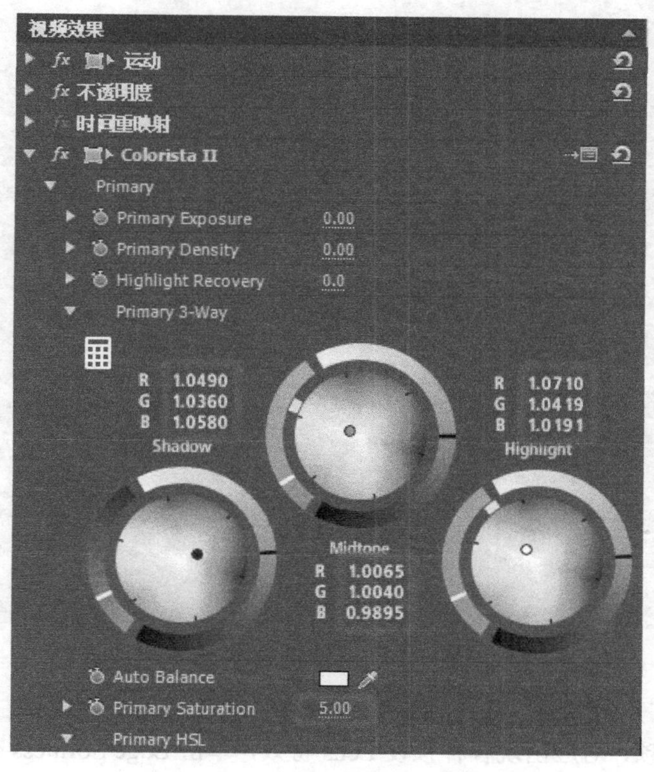


图 6-9　添加 ColoristaII 特效并调节参数

【步骤 9】校色前后画面色调对比。经过校色后，画面颜色更饱和，色彩更加鲜亮，画面层次更加清晰，没有灰蒙蒙的感觉，如图 6-10 所示。

图 6-10　调色对比图

【步骤 10】选择第二段影片，为影片添加视频效果下 Magic Bullet Looks 下的 Looks 特效，在效果控制面板中，单击 Looks 特效下的“Edit…”按钮，如图 6-11 所示。

图 6-11　添加 Looks 特效

【步骤 11】在打开的 Magic Bullet Looks 面板中，将鼠标移动到窗口右侧，自动滑出 Tools 窗口，选择 Lens 选项，对应出现各种预设 Lens 特效，单击 Edge Softness 效果，将此效果添加到下面的 Lens 特效中，如图 6-12 所示。

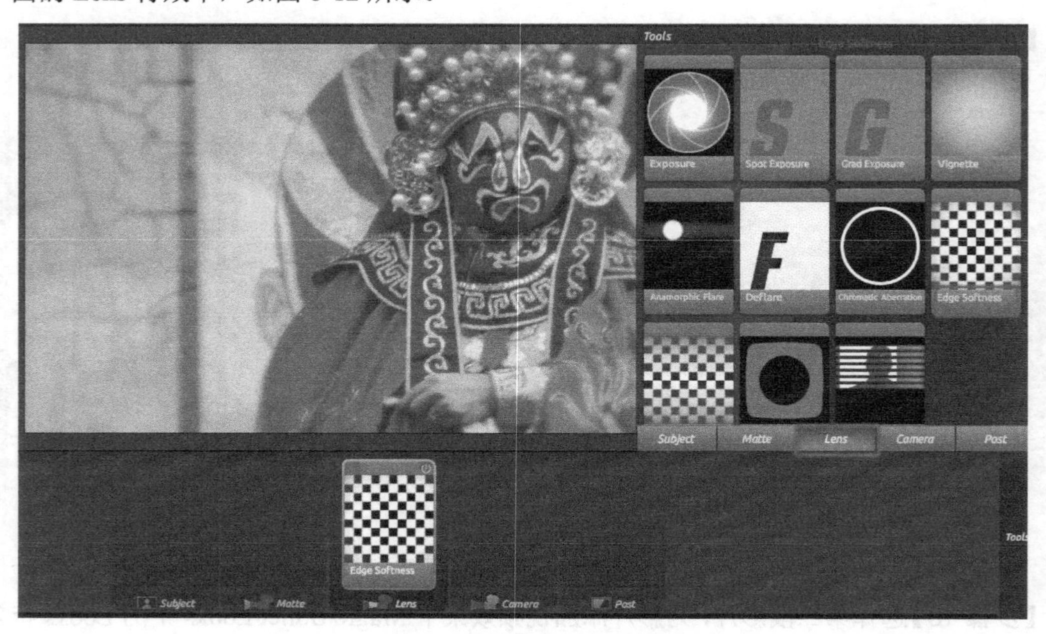


图 6-12　添加 Edge Softness 特效

【步骤 12】鼠标单击 Lens 中的 Edge Softness 特效，画面上会出现柔光范围，根据需要调节相关参数，如图 6-13 所示。

图 6-13　调节 Edge softness 特效

【步骤 13】在 Magic Bullet Looks 面板中，将鼠标移动到窗口右侧，自动滑出 Tools 窗口，选择 Post 选项，对应出现各种预设 Post 特效，单击 Ranged HSL 效果，将此效果添加到下面的 Post 特效中并调节参数，如图 6-14 所示。

图 6-14　添加并调节 Ranged HSL 特效

【步骤 14】在 Magic Bullet Looks 面板中，将鼠标移动到窗口右侧，自动滑出 Tools 窗口，

选择 Matte 选项，对应出现各种预设 Matte 特效，单击 Gradient 效果，将此效果添加到下面的 Matte 特效中并调节渐变色彩和角度，如图 6-15 所示。

图 6-15　添加并调节 Gradient 特效

【步骤 15】在 Magic Bullet Looks 面板中，将鼠标移动到窗口右侧，自动滑出 Tools 窗口，选择 Subject 选项，对应出现各种预设 Subject 特效，单击 Plus One Stop Custom Exposure 效果，将此效果添加到下面的 Subject 特效中，如图 6-16 所示。

图 6-16　添加 Plus One Stop Custom Exposure 特效

【步骤 16】在 Magic Bullet Looks 面板中，将鼠标移动到窗口右侧，自动滑出 Tools 窗口，选择 Camera 选项，对应出现各种预设 Camera 特效，单击 Shutter Streak 效果，将此效果添加到下面的 Camera 特效中，如图 6-17 所示。

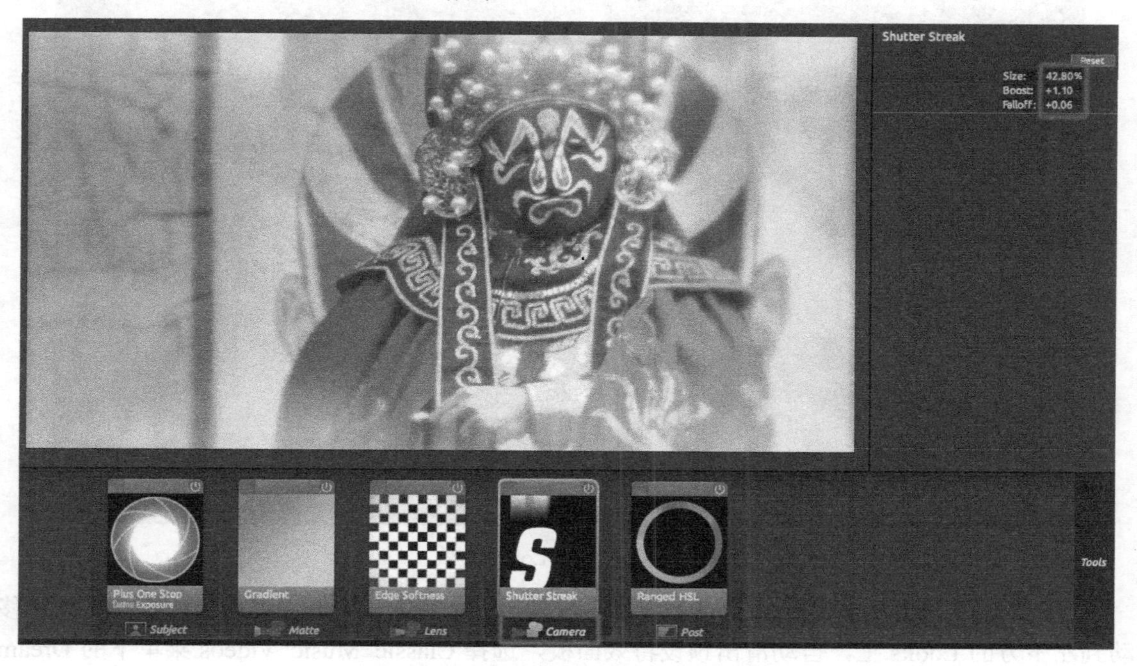


图 6-17　添加并调节 Shutter Streak 特效

【步骤 17】单击“Finished”，完成特效的添加和调节，如图 6-18 所示。调色前色彩平淡，调色后，突出表现了舞台表演者的画面感和丰富的色彩层次。

图 6-18　变脸影片调色前后对比

【步骤 18】为另一段变脸影片设置同样的特效，只需在 Looks 特效上单击鼠标右键，在弹出的快捷菜单中选择“复制”，再选择要添加特效的影片，在特效面板中单击鼠标右键，在弹出的快捷菜单中选择“粘贴”，设置好的特效就应用到选择的影片上，如图 6-19 所示。

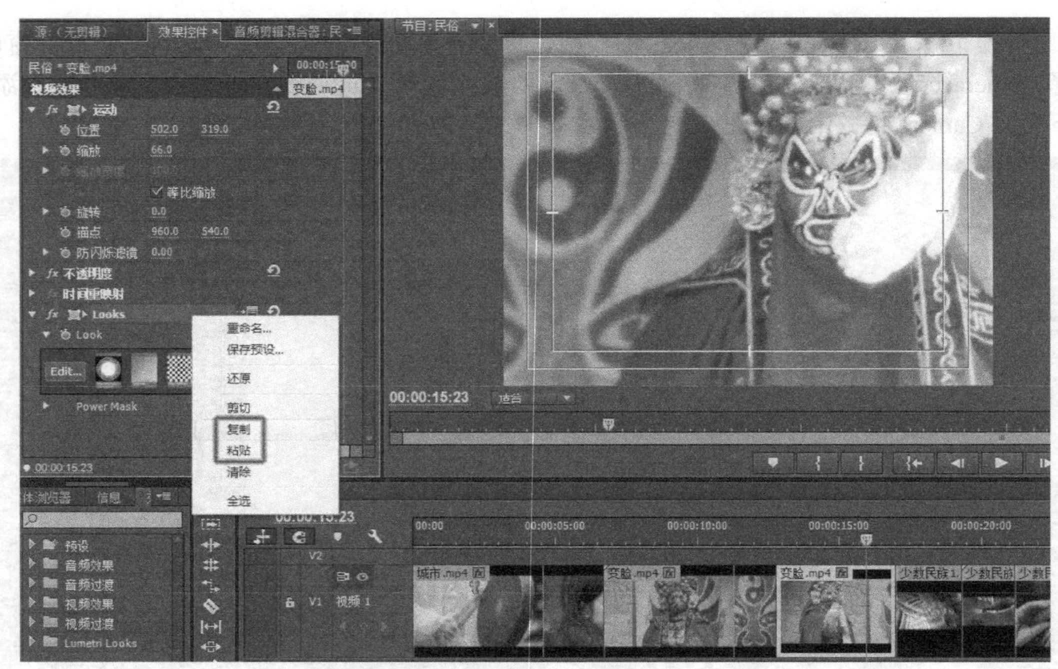


图 6-19　复制 Looks 特效

**【步骤 19】**选择需要校色的戴首饰视频，添加 Looks 特效，打开“编辑”窗口，将鼠标移动到左下方的 Looks 上，自动滑出预设特效面板，选择 Classic Music Videos 菜单下的 Dream Look Sharp 特效，单击“Finished”，完成预设特效的添加，如图 6-20 所示。

图 6-20　添加 Dream Look Sharp 特效

**【步骤 20】**戴首饰视频调色前后对比，调色后色彩对比强烈，金属质感更强，如图 6-21 所示。

图 6-21　戴首饰视频调色前后对比

**【步骤 21】**复制 Dream Look Sharp 特效，分别选择后面几段戴首饰影片，粘贴特效，如图 6-22 所示。

图 6-22　复制 Dream Look Sharp 特效

**【步骤 22】**选择需要校色的舞花灯视频，添加 Looks 特效，打开编辑窗口，将鼠标移动到左下方的 Looks 上，自动滑出预设特效面板，选择 Music Videos 菜单下的 Dream Look Sharp 特效，单击“Finished”，完成预设特效的添加，如图 6-23 所示。

**【步骤 23】**舞花灯影片调色前后对比，调色后花灯光感更强烈，如图 6-24 所示。

**【步骤 24】**选择需要校色的送礼视频，添加 Looks 特效，打开编辑窗口，将鼠标移动到左下方的 Looks 上，自动滑出预设特效面板，选择“Popular Film”→“Miami”特效，调节渐变范围，单击“Finished”，完成预设特效的添加，如图 6-25 所示。

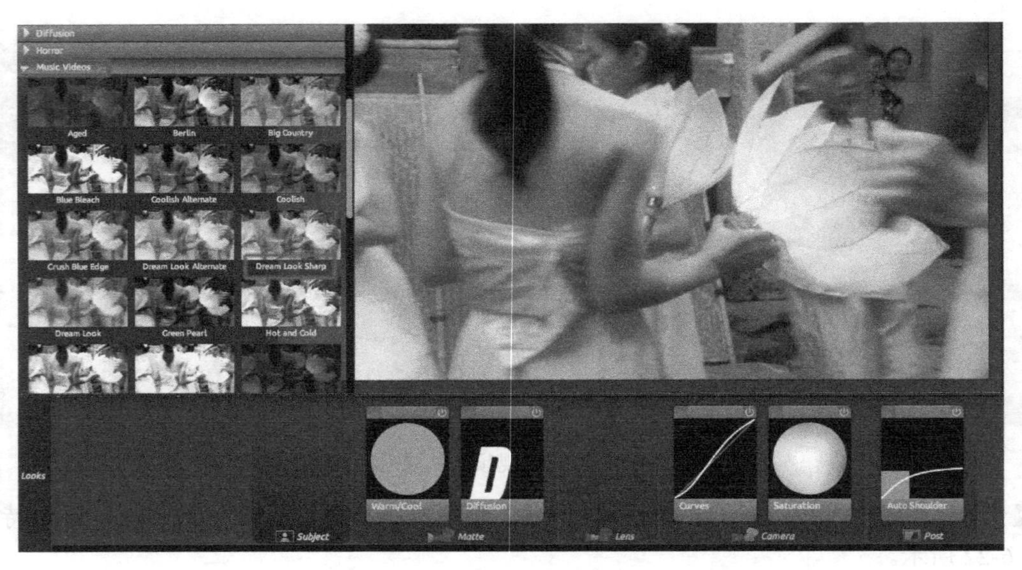


图 6-23　添加 Dream Look Sharp 特效

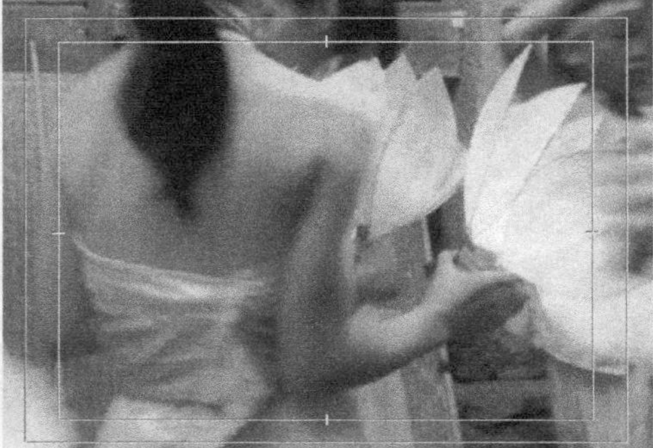

图 6-24　舞花灯影片调色前后对比

图 6-25　添加 Miami 特效

【步骤 25】送礼影片调色前后对比，调色后影片具有电影感，不平淡，有深度，如图 6-26 所示。

图 6-26 送礼影片调色前后对比

【步骤 26】选择需要校色的送礼视频，添加 Looks 特效，打开编辑窗口，将鼠标移动到左下方的 Looks 上，自动滑出预设特效面板，选择“Basic”→“Basic Warm Max”特效，调节渐变范围，单击“Finished”，完成预设特效的添加，如图 6-27 所示。

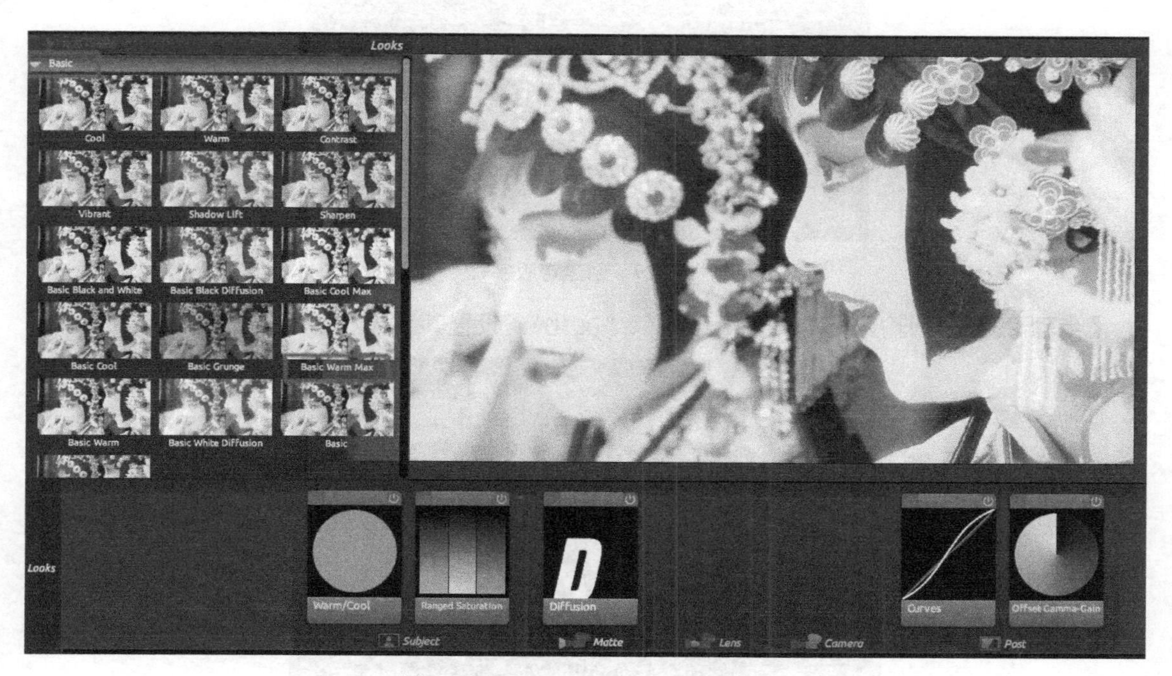


图 6-27 添加 Basic Warm Max 特效

【步骤 27】昆曲影片调色前后对比，调色后舞台画面感增强，色彩丰满，人物色彩层次分明，如图 6-28 所示。

图 6-28　昆曲影片调色前后对比

【步骤 28】按键盘上的“Ctrl+T”组合键，打开“新建字幕”面板，名称输入“定版字幕”，如图 6-29 所示。

新建字幕
视频设置
宽度：720　高度：576
时基：25.00fps
像素长宽比：D1/DV PAL (1.0940)
名称：定版字幕
确定　取消

图 6-29　创建定版字幕

【步骤 29】分别输入文本“民”、“俗”、“文化”，设置其字体和字号，如图 6-30 所示。

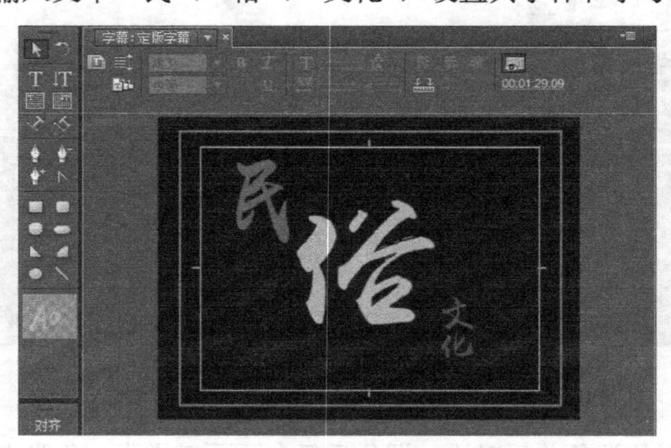


图 6-30　输入定版文本内容

【步骤 30】导入水墨素材并调节大小，旋转角度，设置不透明度下的混合模式为“深色”，去除白色背景，如图 6-31 所示。

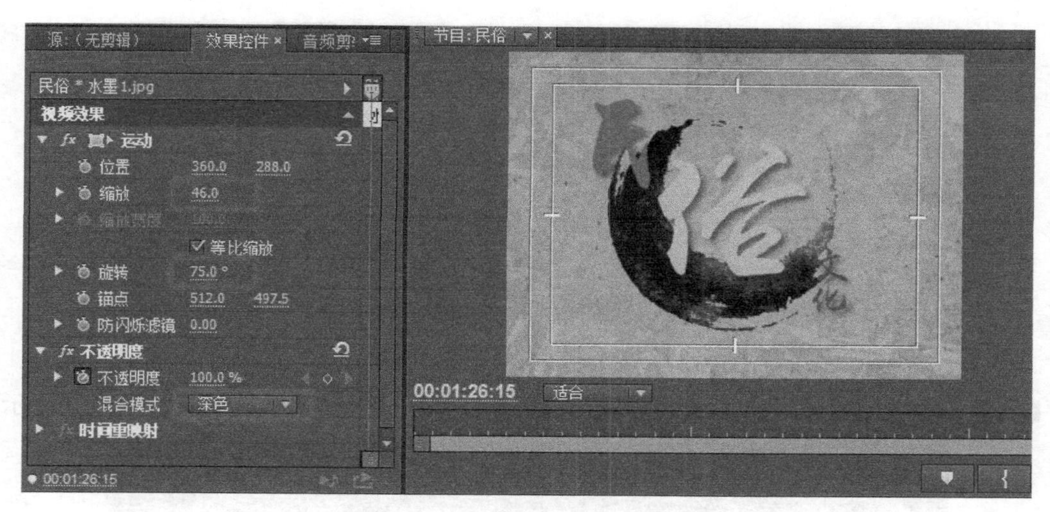


图 6-31　导入水墨素材并去除背景

【步骤 31】为了进一步突出显示文字，将背景不透明度设置为“80%”，为文字添加阴影特效，如图 6-32 所示。

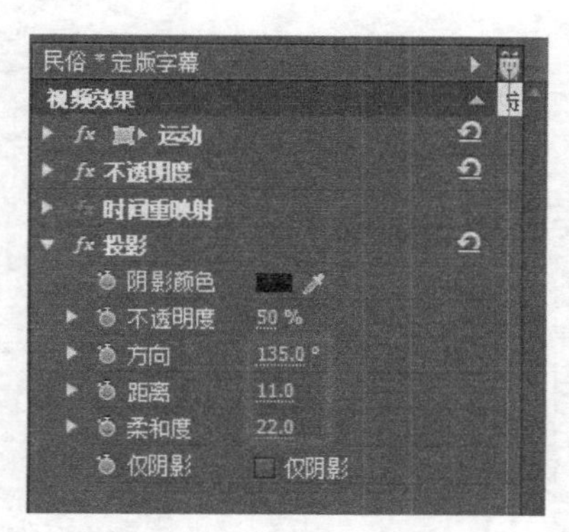


图 6-32　为文字添加阴影特效

【步骤 32】为水墨素材添加线性擦除特效，调节角度、羽化录制过渡完成动画，如图 6-33 所示。

图 6-33　录制水墨擦除动画

【步骤 33】为文字添加裁剪特效，录制左对齐、右侧动画，设置羽化边缘为“50”，如图 6-34 所示。

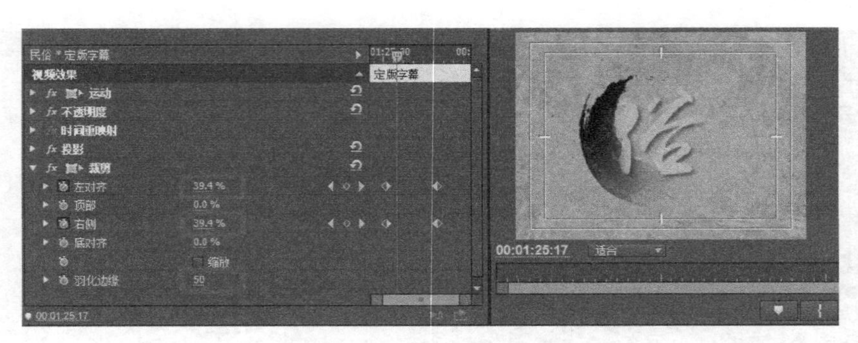


图 6-34　录制文字呈现动画

【步骤 34】创建游动文字，选择样式，调节渐变色，设置其字体字号，如图 6-35 所示。

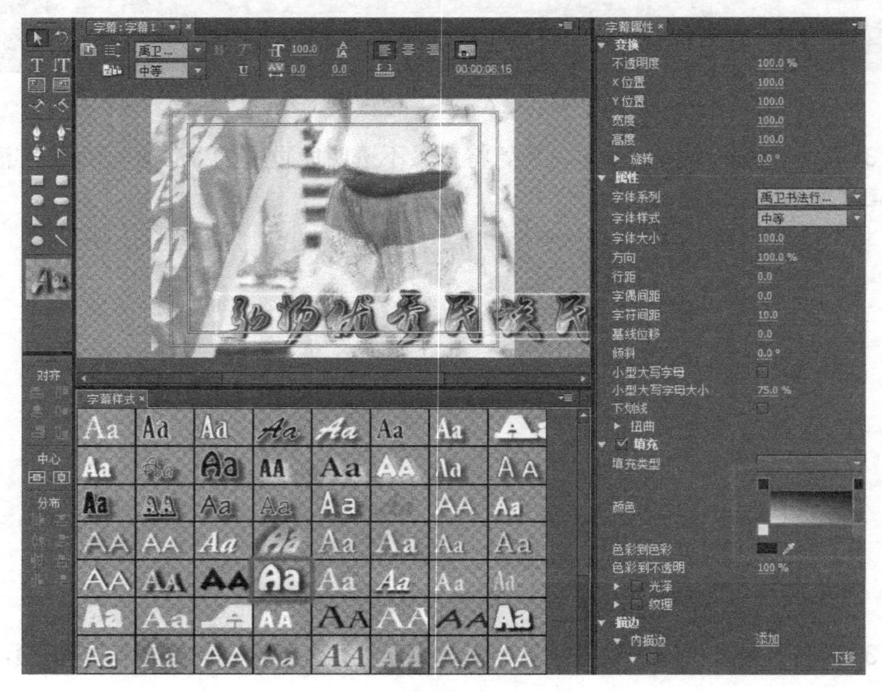


图 6-35　创建游动文字

【步骤 35】打开“滚动/游动选项”面板，选中“向左游动”，“开始于屏幕外”和“结束于屏幕外”，单击“确定”按钮，完成游动文字动画录制，如图 6-36 所示。

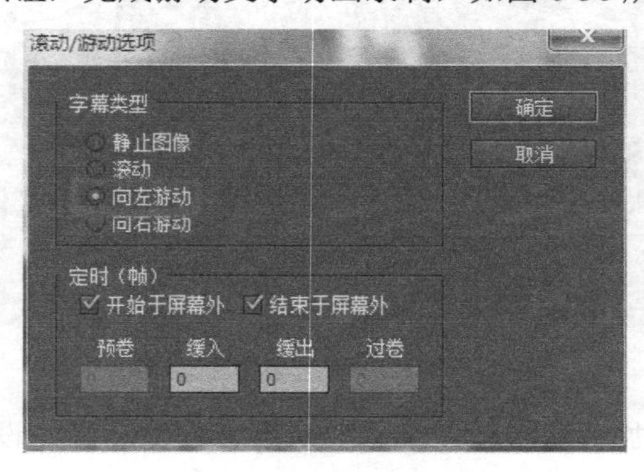


图 6-36　录制游动文字动画

【步骤 36】在项目窗口复制字幕 1 更名字幕 2，将字幕 2 拖曳至时间线，双击字幕 2，打开字幕面板，更改文字内容，如图 6-37 所示。

图 6-37 复制字幕 1 更名字幕 2

## 任务反馈

本任务将多段不同风格的视频素材编辑到一起，影片间采用不加任何转场特效的直接切入手法，贯穿游动字幕，统一的画面色调，充分应用了软件插件的调色功能。影片具有电影感、舞台感的画面，彰显主题，同时精彩的画面，唤起受众珍惜保护非物质文化的共鸣。

## 任务拓展

民俗文化博大精深，不同素材，不同角度，反映的是同一博大主题。收集各种能够反映民俗特色的素材，编辑整理影片，运用技术手段对影片进行渲染，烘托主题。

# Adobe After Effects CC 软件概述

## 任务展示

图 7-1　Adobe After Effects CC 软件启动界面

## 任务分析

After Effects 是 Adobe 公司开发的一个影视后期特效合成及设计软件。现在影视媒体已经成为当前最大众化，最具有影响力的媒体表现形式。从好莱坞创造的幻想世界，到电视新闻所关注的现实生活，再到铺天盖地的广告，无一不影响到我们的生活。

随着 PC 性能的显著提高，价格不断降低，影视制作从以前的专业硬件设备逐渐向 PC 平台上转移，原来身份极高的专业软件也逐步移植到 PC 平台上来，价格日益大众化，同时影视制作的应用也扩大到电脑游戏，多媒体，网络等更为广阔的领域，许多这些行业的人员或业余爱好者都可以利用手中的电脑制作自己喜欢的东西了。

Photoshop 中“层”的引入，使 AE 可以对多层的合成图像进行控制，制作出天衣无缝的合成效果；关键帧、路径的引入，使我们对控制高级的二维动画游刃有余；高效的视频处理系统，确保了高质量视频的输出；令人眼花缭乱的特技系统使 AE 能实现使用者的一切创意；AE 同样保留有 Adobe 优秀的软件相互兼容性。它可以非常方便地调入 Photoshop，Illustrator 的层文件；Premiere 的项目文件也可以近乎完美地再现于 AE 中；甚至还可以调入 Premiere 的 EDL 文件。新版本还能将二维和三维在一个合成中灵活混合起来。用户可以在二维或者三维中工作或者混合起来并在层的基础上进行匹配。使用三维的层切换可以随时把一个层转化为三维的；二维和三维的层都可以水平或垂直移动；三维层可以在三维空间里进行动画操作，同时保持与灯光，阴影和相机的交互影响！并且 AE 支持大部分的音频，视频，图文格式，甚至还能将记录三维通道的文件调入进行更改。

## 任务步骤

【步骤 1】安装环境

■ **Windows**

英特尔®酷睿™2 双核或 AMD 羿龙®II 处理器，支持 64 位 Windows 7 Service Pack 1 和 Windows 8。请参阅 CS6 常见问题中更多有关 Windows 8 的帮助信息。4GB 的 RAM（建议使用 8GB）3GB 的可用硬盘空间（无法安装在可移动闪存存储设备在安装过程中需要额外可用空间）磁盘高速缓存额外磁盘空间（建议使用 10GB）。

1280×900 分辨率显示器；

OpenGL 2.0 的支持系统；

DVD-ROM 驱动器。

■ **MaC OS**

多核英特尔处理器，支持 64 位的 Mac OS X v10.6.8 或 v10.7。在 Adobe Creative Suite5 中，CS5.5 和 CS6 应用程序支持 Mac OS X 山狮（v10.8）。

1280×900 显示器；

OpenGL 2.0 的支持系统；

DVD-ROM 驱动器；

QuickTime 的功能所需的 QuickTime7.6.6 软件。

【步骤 2】新增功能

After Effects 目前最新版本为 After Effects CC。

其特点如下。

（1）GPU 和多处理器性能加强。

（2）集成 3D 摄像机追踪器（Camera Tracker），捕捉动态/静态对象时效果更佳。

（3）集成实时的 3D Pipeline，支持 CINEMA 4D 对象和场景。

（4）Warp Stabilizer VFX 支持从场景中选择稳定对象。

（5）增强的像素级动态模糊功能（Pixel Motion Blur）。

■ **5CINEMA 4D 整合编辑**

与 CINEMA 4D 较紧密的整合，允许您将 Adobe After Effects 和 MAXON CINEMA 4D 结合使用。可在 After Effects 中创建 CINEMA 4D 文件。将基于 CINEMA 4D 文件的图层添加到合成后，可在 CINEMA 4D 中对其进行修改和保存，并将结果实时显示在 After Effects 中。此简化工作流无须缓慢地将通程批量渲染至磁盘或创建图像序列文件。通程图像可通过实时渲染连接至 C4D 文件，无须使用中间文件。

■ **MAXON Cinema 4D Lite R14**

MAXON Cinema 4D Lite R14 应用程序与 After Effects 一起安装。创建、导入和编辑 C4D 文件。然而，如果您有 Cinema 4D 的其他版本，如 Cinema 4D Prime，采用该版本在 After Effects 中创建、导入和编辑文件。要创建 C4D 文件，请从“文件”→“新建”或“图层”→“新建”菜单中选择“MAXON CINEMA 4D”文件。要导入 C4D 文件，请选择“文件”→“导入”→文件。要编辑文件，请在合成中选择基于 C4D 文件的图层，或在项目面板中选择素材项目。然后选择“编辑”→“编辑原稿”。

■ **CINEWARE 效果**

通过 Cinema 4D 与 After Effects 之间的紧密集成，可以导入和渲染 C4D 文件（R12 或更高版本）。CINEWARE 效果可让您直接使用 3D 场景及其元素。

选择“文件”→“导入”，将基于文件的素材项目添加到项目面板中。使用 C4D 文件创建合成时，将会创建图层，并自动向图层应用 CINEWARE 效果。

■ **增强型动态抠像工具集编辑**

使前景对象（如演员）与背景分开是大多数视觉效果和合成工作流中的重要步骤。此版本的 After Effects 提供多个改进功能和新功能使动态抠像更容易、更有效。这些工具位于“图层”面板中。

■ **调整边缘**

A．旋转画笔 B．调整边缘

使用此工具，可通过沿包含精细细节（例如毛发）的区域创建部分透明带，改善现有遮罩。

■ **Roto 笔刷和优化边缘效果**

使用此效果可控制旋转画笔和调整边缘工具的设置。

■ **调整实边遮罩**

使用“优化实边遮罩”效果，可平滑锐利或颤动的 Alpha 通道边缘。调整实边遮罩效果是 After Effects CS5-CS6 中的调整遮罩效果的更新版。

■ **调整柔和遮罩**

使用新的“优化柔和遮罩”效果，可改善现有的实边或柔和 Alpha 通道，这样它便可以保留不带颤动的细微边缘细节。

■ **图层的双立方采样编辑**

此版本的 After Effects 引入了素材图层的双立方采样，为对缩放之类的变换选择双立方或双线性采样。在某些情况下，双立方采样可获得更好的结果，但速度更慢。指定的采样算法可应用于质量设置为“最佳品质”的图层。要启用双立方采样，请选择“图层”→“品质”→“双立方”。你也可以切换图层的品质和采样开关；曲线表示双立方采样。

■ **同步设置编辑**

After Effects 支持用户配置文件以及通过 Adobe Creative Cloud 使首选项同步。利用新的“同步设置”功能，可将应用程序首选项同步到 Creative Cloud。如果您使用两台计算机，“同步设置”功能可让您在这两台计算机之间轻松保持这些设置的同步性。选择“编辑”→“同步设置”（Windows）或“After Effects”→“同步设置”（Mac OS）并且选择相关选项。同步设置之后，“同步设置”菜单被替换成当前 Adobe ID。

■ **效果和动画编辑**

■ **通过像素运动模糊在视觉上传递运动**

计算机生成的运动或加速素材通常看起来很虚假，这是因为没有进行运动模糊。新的“像素运动模糊”效果会分析视频素材，并根据运动矢量人工合成运动模糊。添加运动模糊可使运动更加真实，因为其中包含了通常由摄像机在拍摄时引入的模糊。选择图层，然后选择“效果”→“时间”→“像素运动模糊”命令进行设置。

■ **3D 摄像机跟踪器**

可以在 3D 摄像机追踪器效果中定义地平面或参考面以及原点。

使用新的跨时间自动删除跟踪点选项，当你在“合成”面板中删除跟踪点时，相应的跟踪点（即同一特性/对象上的跟踪点）将在其他时间在图层上予以删除。After Effects 会分析素材，并且尝试删除其他帧上相应的轨迹点。例如，如果跑过场景的人的运动不应考虑用于确定摄像机的摄像运动方式，则可以删除此人身上的跟踪点。

■ **变形稳定器 VFX 效果**

新的变形稳定器 VFX 效果取代了 After Effects 早期版本中提供的变形稳定器效果。它提供更强的控制，并且提供类似于更新的 3D 摄像机跟踪器的控件。相应效果属性的下面提供了额外选项保持缩放、目标和跨时间自动删除点。目标的选项（如可逆稳定、反向稳定和向目标应用运动）在稳定或应用效果至抖动素材时非常有用。

■ **梯度渐变效果**

上一版本的渐变效果已重命名为梯度渐变效果，使寻求渐变方式的用户更容易发现它。可选择“效果”→“生成”→“梯度渐变”命令进行设置。

■ **渲染和编码编辑**

■ **发送到 Adobe Media Encoder 队列**

可使用两个新命令和关联的键盘快捷键将活动的或选定的合成发送到 Adobe Media Encoder 队列。要将合成发送到 Adobe Media Encoder 编码队列，请执行以下任一操作：“合成”→“添加到 Adobe Media Encoder 队列文件”→“导出”→“添加到 Adobe Media Encoder 队列”，或按 Ctrl+Alt+M 组合键（Windows） 或 Cmd+Alt+M 组合键（Mac OS）。

■ **H264 MPEG2 WMV**

对 H.264、MPEG-2 和 WMV 格式使用 Adobe Media Encoder 队列。默认情况下，这些

格式不再在 After Effects 渲染队列中启用。如果仍然想使用 After Effects 渲染队列，请从输出首选项中将其启用。同时渲染多个帧多重处理功能中有多项增强，有助于在同时渲染多个帧时加快处理。引入的一项新设置可以将同时渲染多个帧多重处理功能仅限制到渲染队列。在启用后，RAM 预览不使用同时渲染多个帧多重处理。要启用此选项，请选择“编辑”→“首选项”→“内存和多重处理”，然后设置仅限渲染队列，不用于 RAM 预览。每个 CPU 的后台 RAM 分配的默认选项已增加。分配最多 6 GB RAM。可用的选项为 1 GB、1.5 GB、2 GB、3 GB、4 GB 或 6 GB。如果计算机上未安装足够 RAM，则会禁用同时渲染多个帧的功能。必须安装 5 GB 或更多的 RAM 才能启用此功能。

## 任务反馈

■ **在“合成”面板中对齐图层**

可以在合成面板中拖动图层时对齐图层。最接近指针的图层特性将用于对齐。这些包括锚点、中心、角或蒙版路径上的点。对于 3D 图层，还包括表面的中心或 3D 体积的中心。在拖动其他图层附近的图层时，目标图层将突出显示，显示出对齐点。默认情况下禁用对齐。要对齐图层，请执行以下任一操作：从工具面板中启用“对齐”，或按住 Cmd 键（Mac OS）或 Ctrl 键（Windows）的同时拖动图层。

■ **Shift+父级行为变化**

在按住 Shift 键的同时对图层执行父级行为将会把子项移动到父项的位置，但是相对于父项图层，子项图层的动画（关键帧）变换将被保留。

■ **自动重新加载素材**

从其他应用程序切回 After Effects 时，已经在磁盘上更改的任何素材将重新加载到 After Effects 中。选择“文件”→“首选项”→“导入”命令，并设置自动重新加载素材下面的选项。

■ **依赖项子菜单**

“文件”→“依赖项”子菜单中提供了您用于处理相关资产和文件的所有命令。除了与缺失资产有关的命令之外，依赖项子菜单中还有以下命令：收集文件，整合所有素材，删除未用过的素材，减少项目。

■ **图层打开首选项**

现在提供了新的首选项来指定如何在双击图层时打开图层。选择“编辑”→“首选项”→“常规 （Windows） ”或“After Effects”→“首选项”→“常规 （Mac OS）”，然后指定双击打开图层下面的选项。

■ **清理 RAM 和磁盘缓存**

使用单个命令清理 RAM 和磁盘缓存。要清理 RAM 和磁盘缓存，请选择“编辑”→“清理”→“所有内存和磁盘缓存”。

■ **Mac OS 磁盘缓存**

Mac OS 上的磁盘缓存的物理位置已更改。更新后的位置不包括在使用 Time Machine 软件备份的目录的默认列表中。

■ **查找缺失的素材、效果或字体**

此版本的 After Effects 可让您更轻松地在项目中找到依赖项。快速地找到缺失的素材、效果或字体。选择以下选项之一：“文件”→“依赖项”→“缺失效果”；“文件”→“依赖项”→“缺失字体”；“文件”→“依赖项”→“缺失素材”。

可以使用项目面板搜索这些依赖项。在搜索字段中键入命令，或选择预定义的依赖项搜索方式之一。缺失项搜索完成后，引用缺失项的合成会显示在项目面板中。双击该合成可在时间轴面板中打开它，并会自动过滤图层以仅显示包含缺失项的合成。

■ **导入和导出编辑**

CINEMA 4D

将 CINEMA 4D 文件（R12 和更新版本）作为素材导入，然后从 After Effects 内进行渲染。

■ **DPX 导入器**

新的 DPX 导入器可以导入 8 位、10 位、12 位和 16 位/通道的 DPX 文件。还支持导入具有 Alpha 通道和时间码的 DPX 文件。

■ **DNxHD 导入**

在不安装其他编解码器的情况下导入 DNxHD MXF OP1a 和 OP-Atom 文件以及 QuickTime (.mov) with DNxHD 媒体。这包括使用 DNxHD QuickTime 文件中未压缩的 Alpha 通道。

■ **Mac OS X 10.8 上的 ProRes 媒体**

在 Mac OS X 10.8 上，在不安装其他编解码器的情况下导出 ProRes 媒体。在 Mac OS X 10.7 上，您仍然需要安装 Apple 的 ProRes 编解码器。

■ **OpenEXR 导入器和 ProEXR 增效工具**

新版本包括缓存功能，显著提高了性能。After Effects 包括 OpenEXR Importer 1.8 和 ProEXR 1.8。

■ **ARRIRAW 增强**

在“ARRIRAW 源设置”对话框中，设置色彩空间、曝光、白平衡以及色调。要将值重置为 ARRIRAW 文件中作为元数据存储的值，请单击“从文件重新加载”命令。

## 任务拓展

此版本的 After Effects 可导入其他格式。XAVC（Sony 4K） 文件， AVC-Intra 200 文件，其他 QuickTime 视频类型， RED （.r3d）文件的其他特性——RedColor3，RedGamma3 和 Magic Motion。安装软件，对比与之前版本的不同。

# 回　　家

## 任务展示

图 8-1　回家任务展示

## 任务分析

任务通过对回家主题素材进行剪辑，统一色调等手法处理，配以深情音乐，烘托出思乡之情。技术要点包括：色光的应用，色彩平衡的应用，通道混合器的应用，跟踪器的应用，描边效果的应用，文字动画的应用，照片滤镜的应用，色彩平衡的应用等。

## 任务步骤

**【步骤 1】** 新建合成，合成名称为“回家”，宽度 720px，高度 576px，帧速率每秒 25 帧，持续时间 41.05 秒，背景颜色为黑色，如图 8-2 所示。

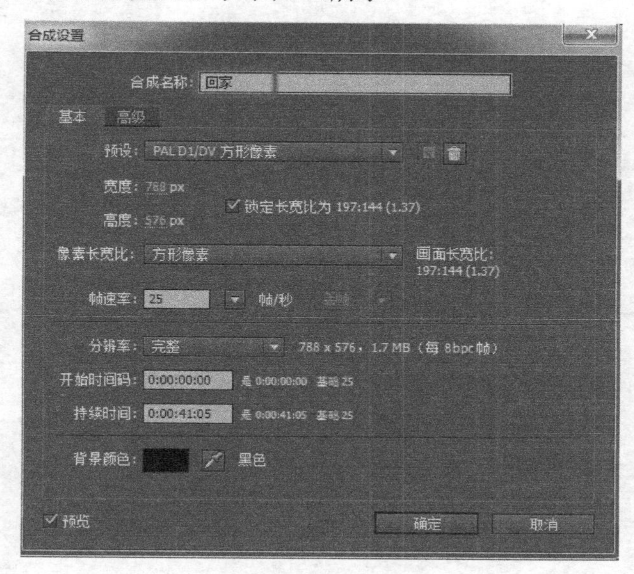


图 8-2　新建合成

**【步骤 2】** 导入视频素材，光转场，图片，背景音乐，如图 8-3 所示。

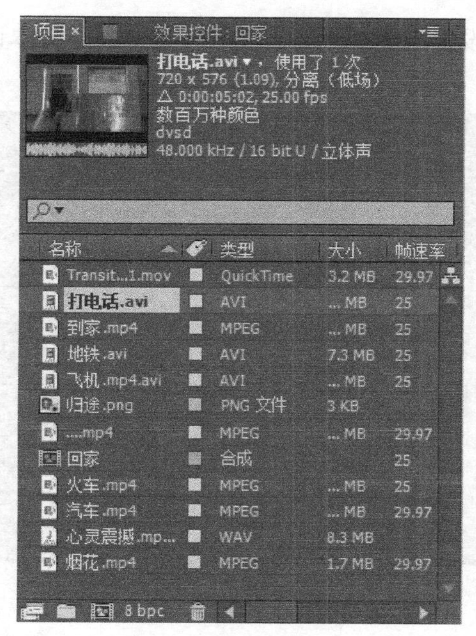


图 8-3　导入素材

**【步骤 3】**选择打电话视频素材，添加色光特效，设置获取相位自“亮度”，添加相位自“红色”，匹配颜色为“酱紫”，匹配模式为“色相”，与原始图像混合度为 90%，如图 8-4 所示。

图 8-4　调节打电话视频色光

**【步骤 4】**创建文本，设置字体字号，为使构图不呆板，文本设置有大有小，画面构图充实而稳定，如图 8-5 所示。

图 8-5　创建思念文本

**【步骤 5】**为火车视频素材添加色彩平衡特效，设置阴影红色平衡为“66”，阴影绿色平衡为“9”，阴影红蓝平衡为“44”，中间调红色平衡为“16”，中间调绿色平衡为“11”，中间调蓝色平衡为“12”，高光红色平衡为“8”，高光绿色平衡为“28”，高光蓝色平衡为“-3”，勾选“保持发光度”选项，如图 8-6 所示。

图 8-6 调节火车视频的色彩平衡

**【步骤 6】**为文本录制动画。在效果与预设面板中打开动画预设下的 Text 文件夹，为文本选择动态进入的一种方式，如图 8-7 所示。

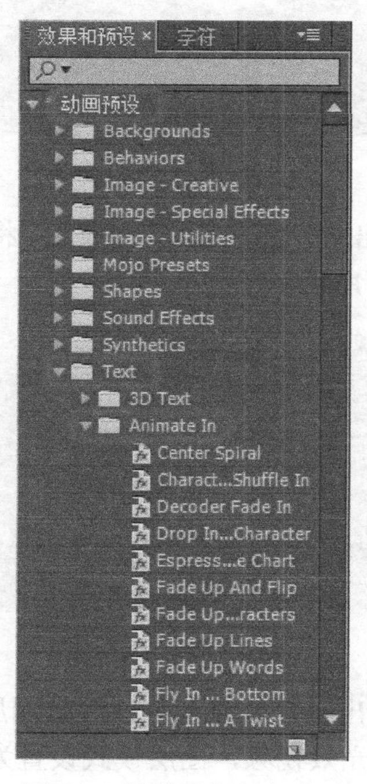


图 8-7 设置思念文本动画

【步骤 7】为飞机视频添加通道混合器特效并设置参数。这里如果文字只做位移动画，不能够准确表达回家的迫切心情，文字跟随飞机在起飞的颠簸中上升前行，能够充分表达主题。在窗口菜单下打开跟踪器面板，添加运动跟踪，运动源选择“飞机”，勾选“位置”选项，编辑目标指定机身引擎，如图 8-8 所示。

图 8-8　添加跟踪运动

【步骤 8】单击“选项”，在弹出的“运动目标”面板中，将运动应用于图层设置为“归途”，最后单击“应用”按钮，如图 8-9 所示。

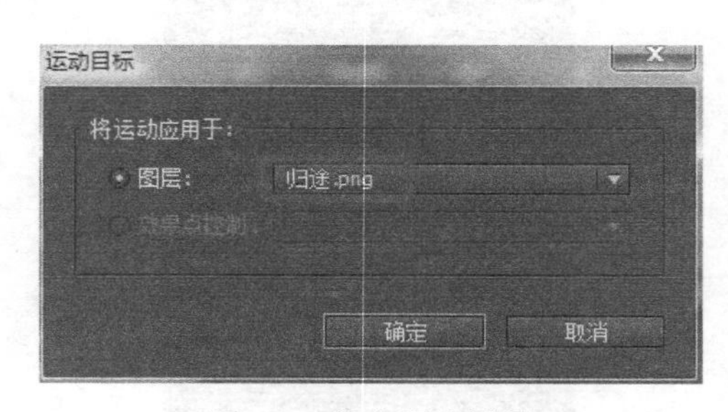


图 8-9　指定跟踪图层

【步骤 9】为使汽车视频制作出分色效果，创建固态图层并添加梯度渐变，图层模式设置为“相除”，在视频两端添加转场光效视频，图层模式设置为“相除”，如图 8-10 所示。

【步骤 10】为地铁视频添加照片滤镜和色彩平衡特效，如图 8-11 所示。

图 8-10　调节汽车视频效果

图 8-11　调节地铁视频效果

【步骤 11】为到家视频添加通道混合器特效，如图 8-12 所示。

【步骤 12】为使画面整体色调统一，添加固态层设置梯度渐变，渐变散射调节为 10.6，与原始图像混合调节为“29%”，颜色如图 8-13 所示。

【步骤 13】根据镜头方向创建形状图层，绘制路径，为路径添加描边特效并录制结束动画。按键盘上“Ctrl+D”组合键，复制形状层，使线条梯次按镜头方向指引视线，如图 8-14 所示。

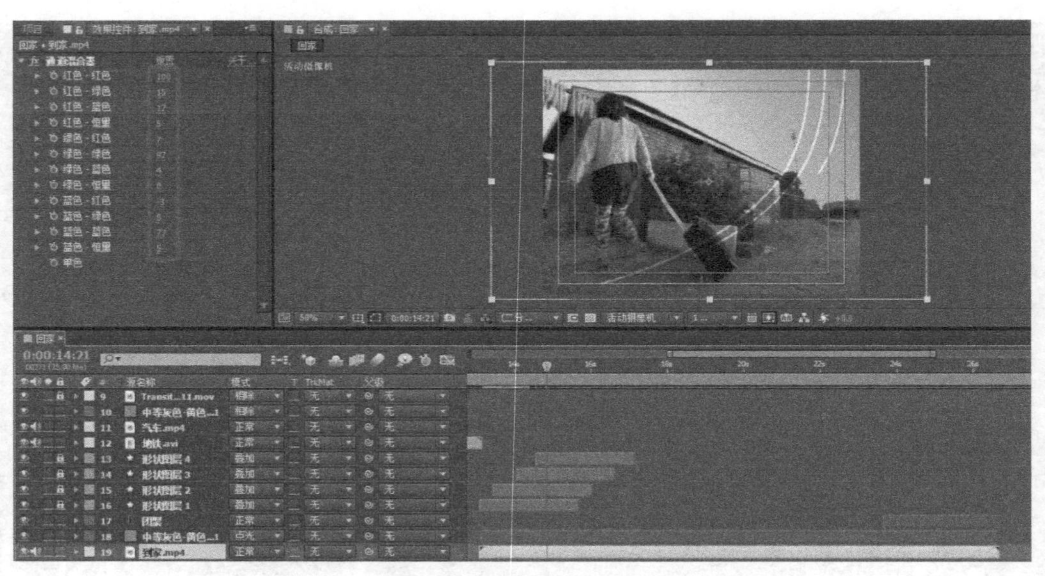

图 8-12　调节到家视频效果

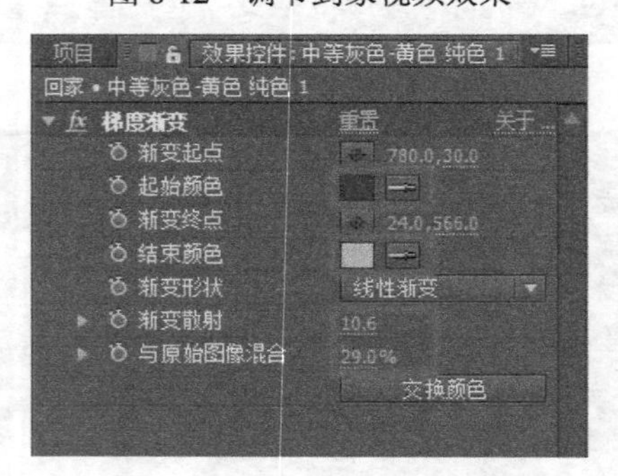


图 8-13　为固态图层添加梯度渐变

图 8-14　创建路径添加描边特效

【步骤 14】 添加文本并在动画预设下文本动画中添加 3D 文本的运动效果，如图 8-15 所示。

图 8-15　添加文本并设置动画

【步骤 15】调节过年燃放烟花视频位置、缩放、不透明度动画，如图 8-16 所示。

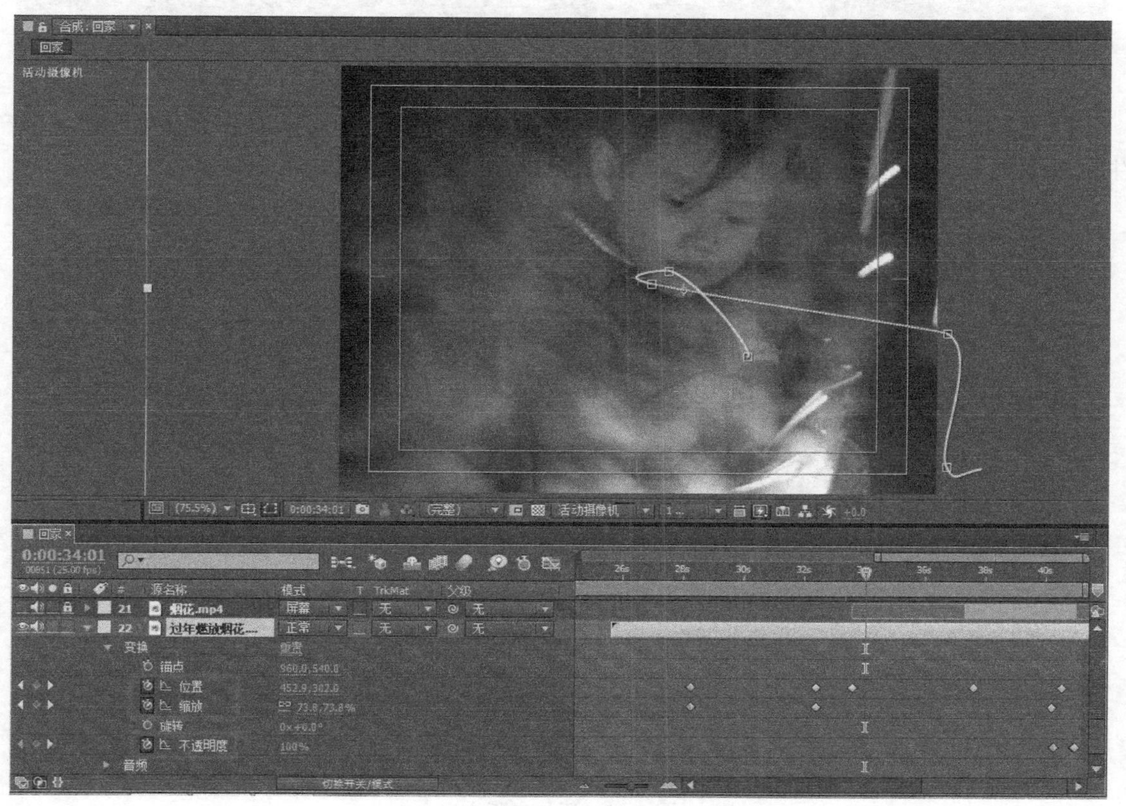


图 8-16　调节过年燃放烟花视频效果

【步骤 16】导入烟花视频素材，更改图层模式为“屏幕”，如图 8-17 所示。

图 8-17　添加烟花素材

【步骤 17】创建定版文字“回家”，添加 CC Star Burst 特效并录制 Scatter 动画，使文字产生聚合效果，烘托主题，添加四色渐变特效赋予画面温馨感，如图 8-18 所示。

图 8-18　添加定版文字

【步骤 18】添加音频并在结尾处调节音频电平制作淡出效果，如图 8-19 所示。

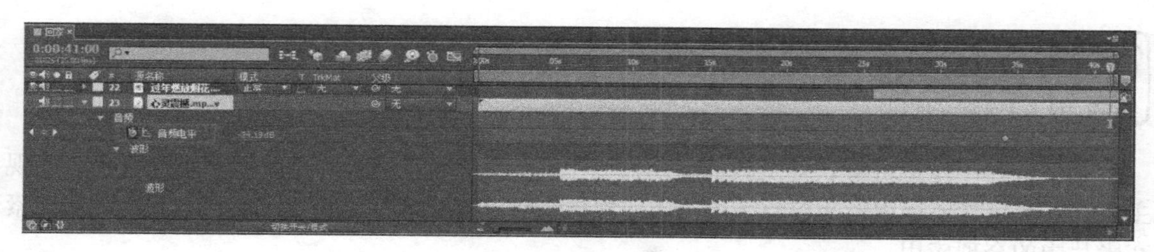

图 8-19　添加音频

【步骤 19】在“合成”菜单下，选择“渲染前”选项，如图 8-20 所示。

图 8-20　渲染合成

【步骤 20】为输出视频设置路径，在输出设置模块面板中的主要选项下，设置音频自动输出，单击“确定”按钮，如图 8-21 所示。

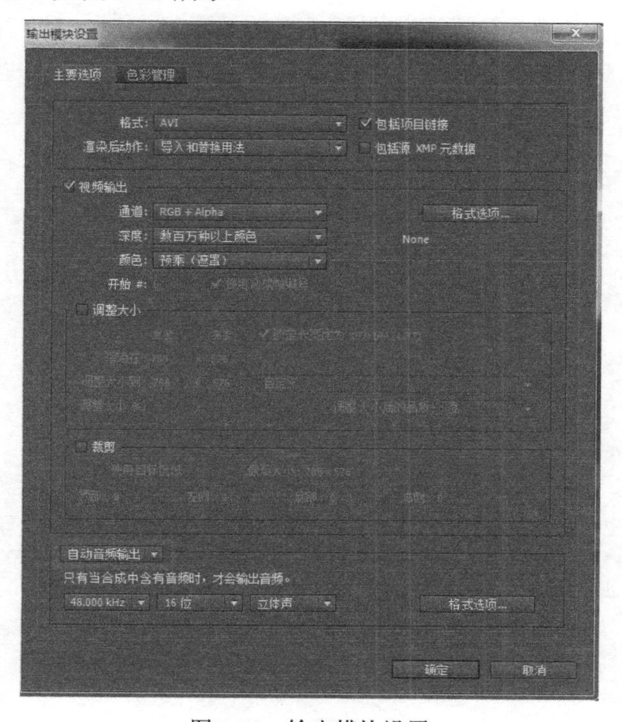


图 8-21　输出模块设置

## 任务反馈

本任务并不是把讲解软件工具的使用作为主要内容，着重讲解的是如何运用视听语言表现主题。其中包含要运用影片校色手段，如何根据镜头添加文本并设置运动，点、线、面等元素在影片中的合理应用。

## 任务拓展

收集或实拍节日素材，制作与节日亲情相关的影片，重点要通过视听语言传递情感，同时注重背景音乐对主题的渲染。

# 律动晨曦

## 任务展示

图 9-1　运动晨曦项目展示

## 任务分析

随着 DV 的普及，每个人都是生活的导演，用 DV 记录生活。本任务通过运用 DV 拍摄的素材剪辑合成，配以动感音乐，应用色相、图层模式叠加等技术手段，展示运动主题。影片为日常画面赋予时尚动感元素，具有亲和力，使源于生活的素材得到艺术升华。

## 任务步骤

**【步骤 1】** 打开 After Effects CC 软件，在欢迎界面中选择“新建合成”选项。如果取消左下角“启动时显示欢迎屏幕”选项，则每次打开软件时不显示欢迎屏幕，如图 9-2 所示。

图 9-2　新建合成

**【步骤 2】** 在弹出的合成设置面板中，命名合成名称为“运动晨曦”，预设为 D1/DV PAL 宽银幕，持续时间设定为 30 秒，如图 9-3 所示。

图 9-3　对合成进行设置

【步骤 3】影片中全部显示文字应打开“标题/动作安全”按钮，在工作视窗显示文字安全框，影片中文字内容不应超出此范围，如图 9-4 所示。

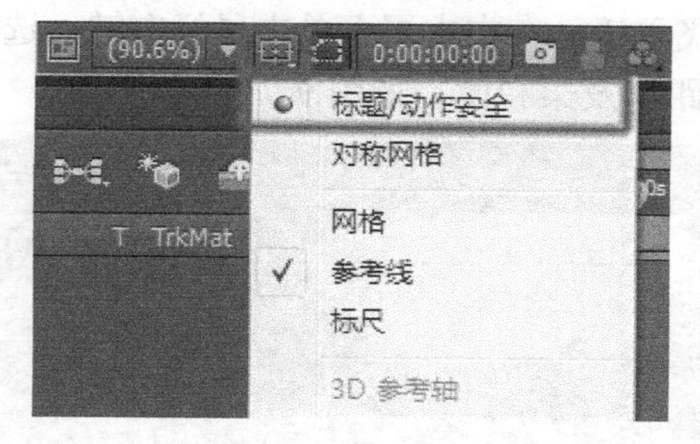


图 9-4　打开动作安全框

【步骤 4】在项目面板空白处双击鼠标，将拍摄的素材、图片元素以及剪辑好的一段音乐导入项目面板中。导入.mov 格式的视频需事先安装 QuickTime 软件，如图 9-5 所示。

| 名称 | 类型 | 大小 | 帧速率 | 入点 | 出点 |
|---|---|---|---|---|---|
| 水墨泼溅.png | PNG 文件 | 46 KB | | | |
| 律动晨曦 | 合成 | | 25 | 0:00:00:00 | 0:00:30:00 |
| 律动.wav | WAV | ... MB | | 0:00:00:00 | 0:00:30:02 |
| Transit...5.mov | QuickTime | 7.2 MB | 29.97 | 0;00;00;00 | 0;00;01;00 |
| Transit...4.mov | QuickTime | 9.6 MB | 29.97 | 0;00;00;00 | 0;00;01;00 |
| Transit...3.mov | QuickTime | 5.5 MB | 29.97 | 0;00;00;00 | 0;00;01;00 |
| 00101.mp4 | MPEG | ... MB | 30 | 0:00:00:00 | 0:00:15:01 |
| 00100.mp4 | MPEG | ... MB | 30 | 0:00:00:00 | 0:00:47:08 |
| 00097.mp4 | MPEG | ... MB | 30 | 0:00:00:00 | 0:00:13:29 |
| 00082.mp4 | MPEG | ... MB | 30 | 0:00:00:00 | 0:00:13:29 |

图 9-5　导入素材

【步骤 5】将视频素材导入时间轴面板，按键盘上的“Ctrl+Y”组合键创建纯色层，在纯色层上单击鼠标右键，选择效果面板下生成特效中的镜头光晕特效，将光晕中心设置在林间，随镜头移动录制光晕中心位移动画，更改图层模式为“屏幕”，如图 9-6 所示。

图 9-6　添加镜头光晕

**【步骤 6】**单击工具栏中的文本工具创建标题，在文本属性面板设置字体、字号及颜色，添加描边。在效果和预设面板中选择动画预设下的文本特效，在 Animate IN 中指定 Stretch In Each Word 特效，文本逐字飞入镜。在文本层上单击鼠标右键，选择效果面板下透视特效中的投影特效，设置投影方向、距离及柔和度，如图 9-7 所示。

图 9-7　添加标题

**【步骤 7】**创建纯色层，选择纯色层添加蒙版，勾选反转，调节羽化值，更改图层模式为叠加，如图 9-8 所示。

图 9-8　添加蒙版

【步骤 8】按键盘上的“Ctrl+D”组合键，复制视频素材，为视频素材选择效果面板下颜色校正特效中的“色相/饱和度”特效，调节主色相，录制变换下位置和缩放动画，如图 9-9 所示。

图 9-9　修饰律动文字背景视频

【步骤 9】再次按键盘上的“Ctrl+D”组合键，复制视频素材，为视频素材选择效果面板下颜色校正特效中的“色相/饱和度”特效，调节主色相，录制变换下位置和缩放动画，如图 9-10 所示。

图 9-10　修饰晨曦文字背景视频

【步骤 10】将舞蹈视频素材导入时间轴面板，选择菜单栏中的“图层”→“时间”→“时间伸缩”命令，调节时间延长视频，如图 9-11 所示。

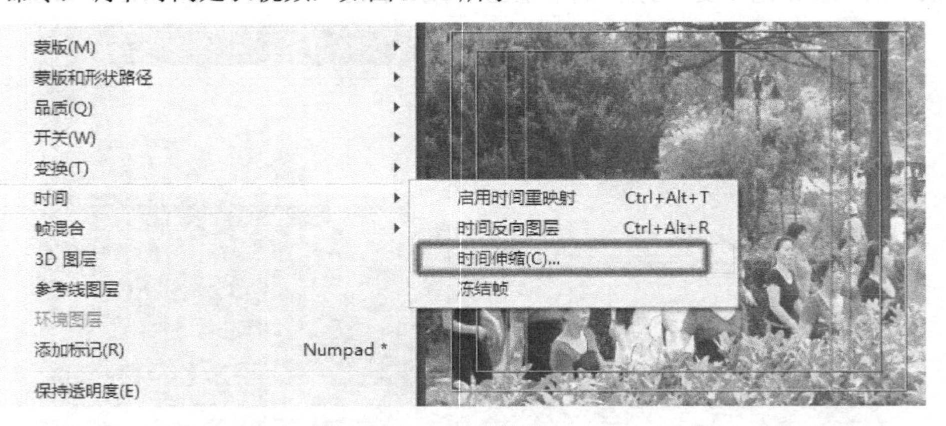


图 9-11　延长视频

【步骤 11】将水墨泼溅素材导入时间轴面板，为素材添加效果面板下颜色校正特效中的“色相/饱和度”特效，勾选“色彩化”，调节着色色相、着色饱和度、着色亮度数值。为水墨泼溅素材添加蒙版，调节蒙版羽化值，录制蒙版扩展动画，如图 9-12 所示。

图 9-12　制作泼溅

【步骤 12】为舞蹈镜头添加文本，录制透明度动画。为文本添加效果面板下模糊和锐化特效中的 CC Cross Blur 特效，录制 Radius x 和 Radius Y 动画，如图 9-13 所示。

图 9-13　添加文本

**【步骤 13】**按键盘上的“Ctrl+D”组合键，复制舞蹈视频素材，为视频素材选择效果面板下颜色校正特效中的“色相/饱和度”特效，调节主色相，添加蒙版，录制蒙版路径动画，如图 9-14 所示。

图 9-14　录制蒙版动画

【步骤 14】将太极拳视频素材导入时间轴面板，将视频素材 Transition 14 导入时间轴面板，降低透明度，统一画面，突出晨曦主题。为太极拳镜头添加文本，录制透明度动画。为文本添加效果面板下模糊和锐化特效中的 CC Cross Blur 特效，录制 Radius X 和 Radius Y 动画，如图 9-15 所示。

图 9-15　修饰太极拳影片并添加文字

【步骤 15】创建文本，录制文本位置滚屏动画，调节图层模式为叠加。按键盘上的“Ctrl+D”组合键，复制太极拳视频素材，为视频素材选择效果面板下颜色校正特效中的“色相/饱和度”特效，勾选“色彩化”，调节着色色相、着色饱和度、着色亮度数值。如图 9-16 所示。

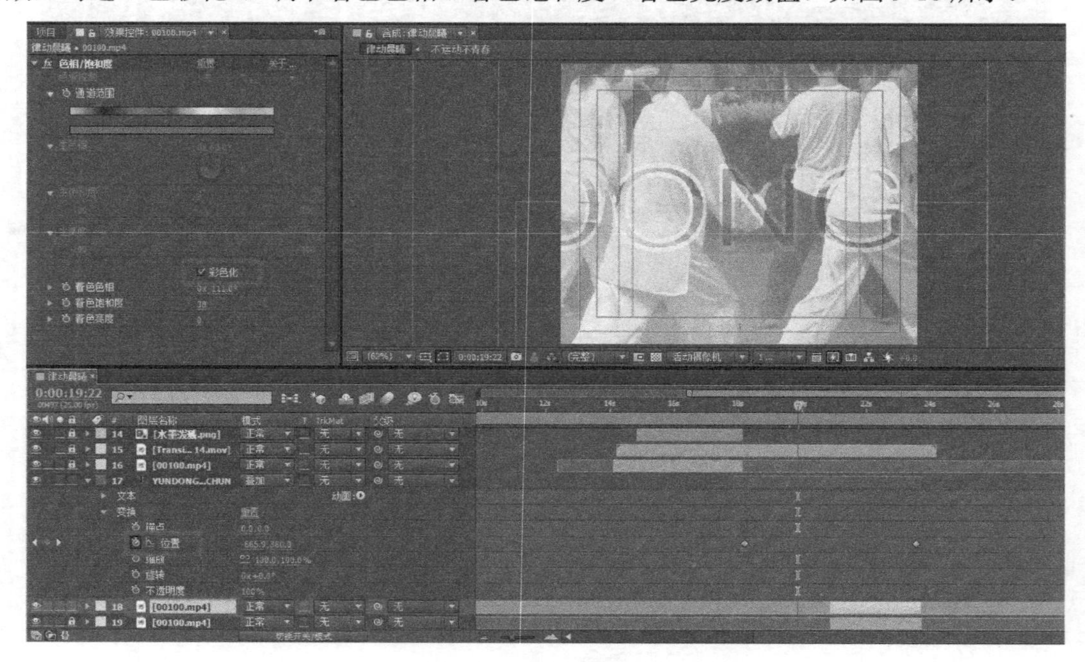

图 9-16　录制文字动画

【步骤 16】将跑步视频素材导入时间轴面板，创建纯色层，添加效果下生成特效中的“音频频谱”特效，如图 9-17 所示。

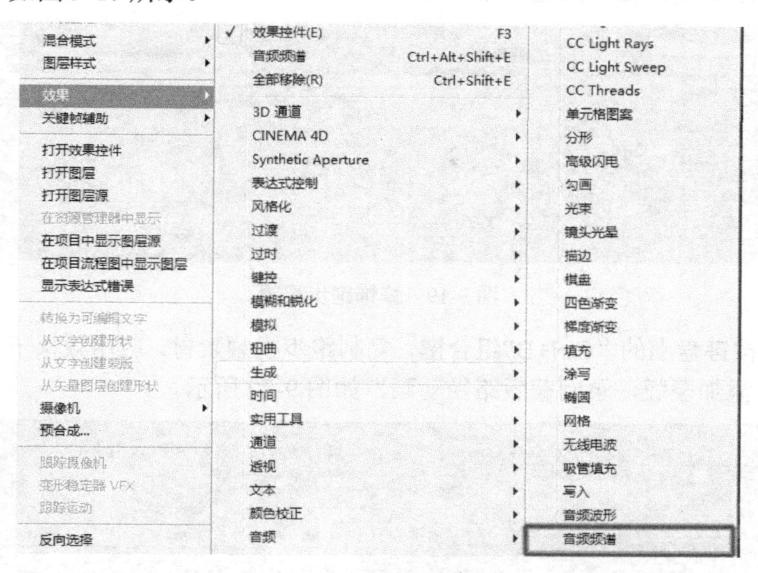


图 9-17　添加音频频谱

【步骤 17】调节音频频谱特效的起始点与结束点，设置起始频率、结束频率、频段、最大高度、音频持续时间、音频偏移、厚度、柔和度、内部颜色、外部颜色，勾选“动态色相”、“颜色对称”选项，如图 9-18 所示。

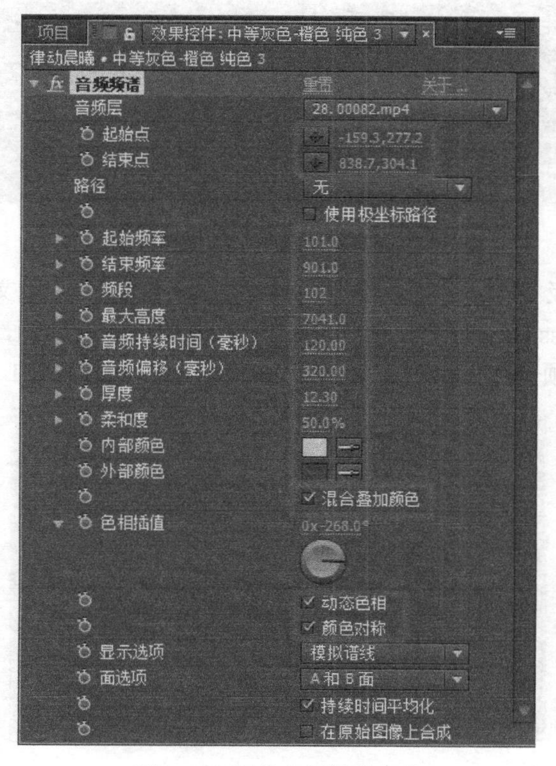


图 9-18　调节音频频谱参数

【步骤 18】将视频素材 Transition 15 导入时间轴面板，更改图层模式为“柔光”，统一画面，突出晨曦主题。录制模糊度、位置、缩放动画，如图 9-19 所示。

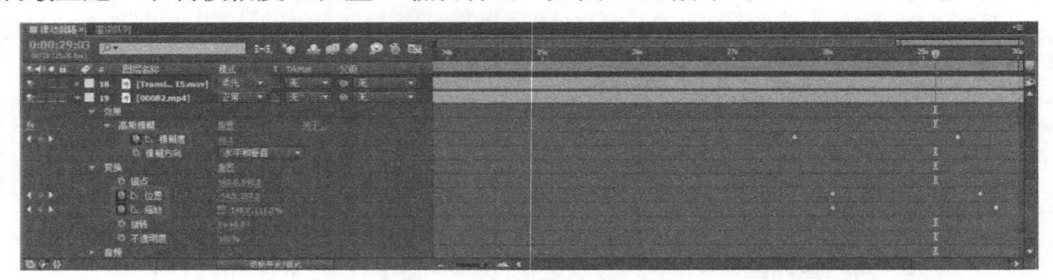

图 9-19　修饰跑步视频

【步骤 19】按键盘上的“Ctrl+D”组合键，复制跑步视频素材，应用效果下颜色校正特效中的三色调特效，添加蒙版，录制蒙版路径动画，如图 9-20 所示。

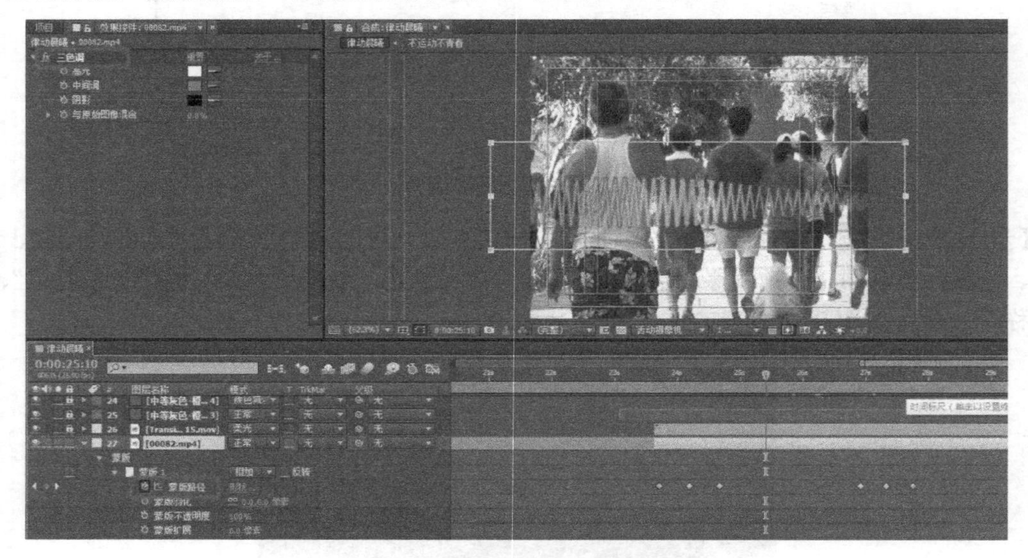

图 9-20　修饰音频频谱背景视频

【步骤 20】创建定版文本，分别创建“不运动”和“不青春”，为文本添加效果面板下模糊和锐化特效中的 CC Cross Blur 特效，录制 Radius X 和 Radius Y 动画，将两个文本层选中，选择“图层”菜单下的“预合成”命令，对图层进行预合成，如图 9-21 所示。

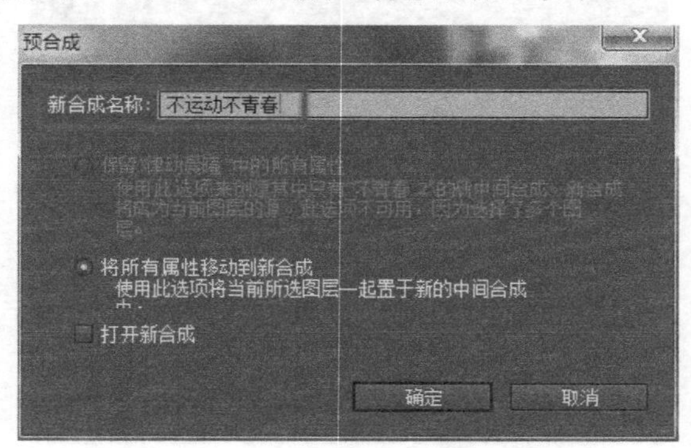


图 9-21　文字层预合成

【步骤 21】按键盘上的“Ctrl+D”组合键，复制预合成，更改原预合成图层模式为“经典差值”，如图 9-22 所示。

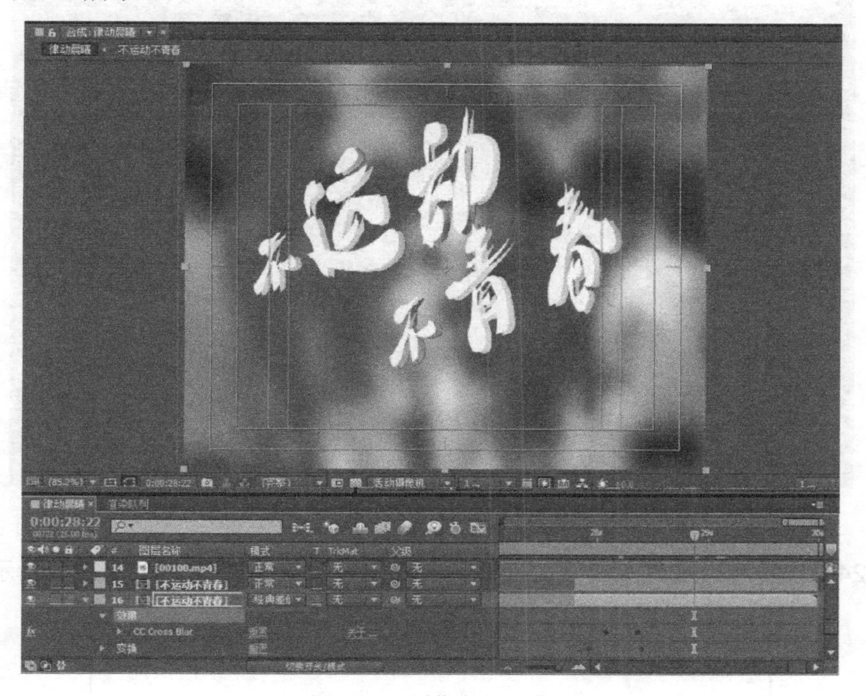


图 9-22　制作定版文字

【步骤 22】创建纯色层，绘制蒙版路径，更改图层模式为“颜色减淡”，录制蒙版路径动画，如图 9-23 所示。

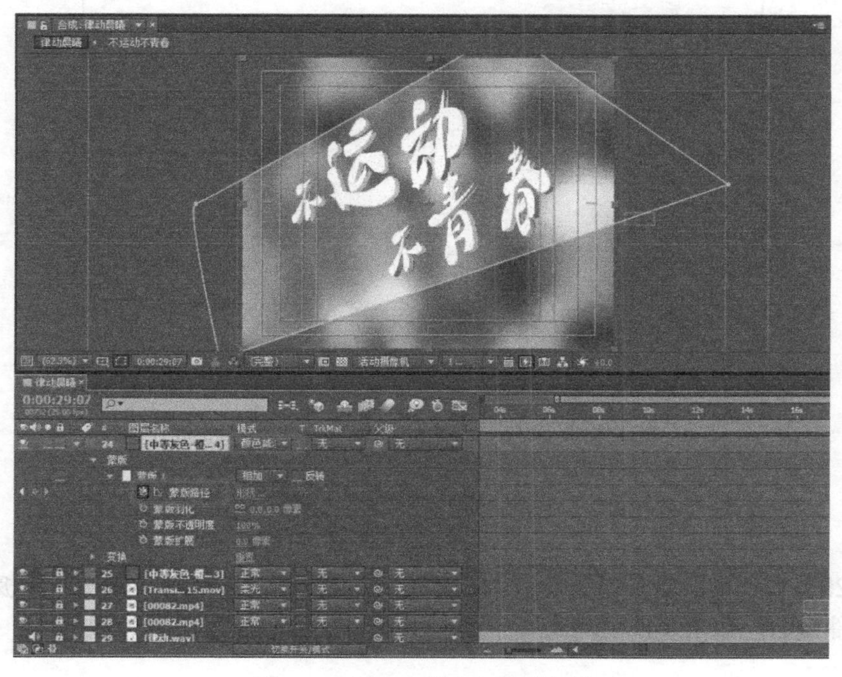


图 9-23　制作定版文字背景视频

【步骤 23】录制的视频都带有音频，在这里需要关闭，如图 9-24 所示。

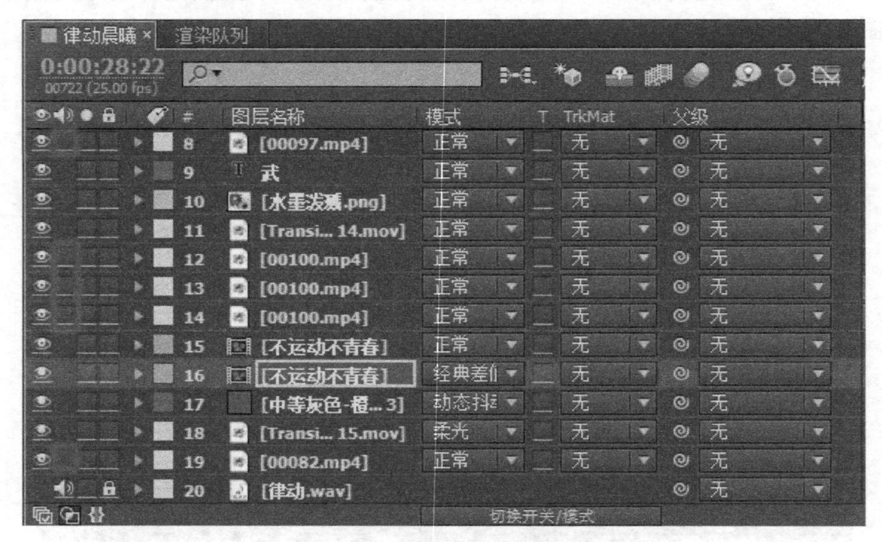

图 9-24　关闭视频素材声音

【步骤 24】选择“合成”菜单下的“渲染前”命令，渲染视频，如图 9-25 所示。

图 9-25　渲染视频

【步骤 25】在弹出的当前渲染面板中，单击“输出到”，在将影片输出到面板中设置文件路径，为文件命名，如图 9-26 所示。

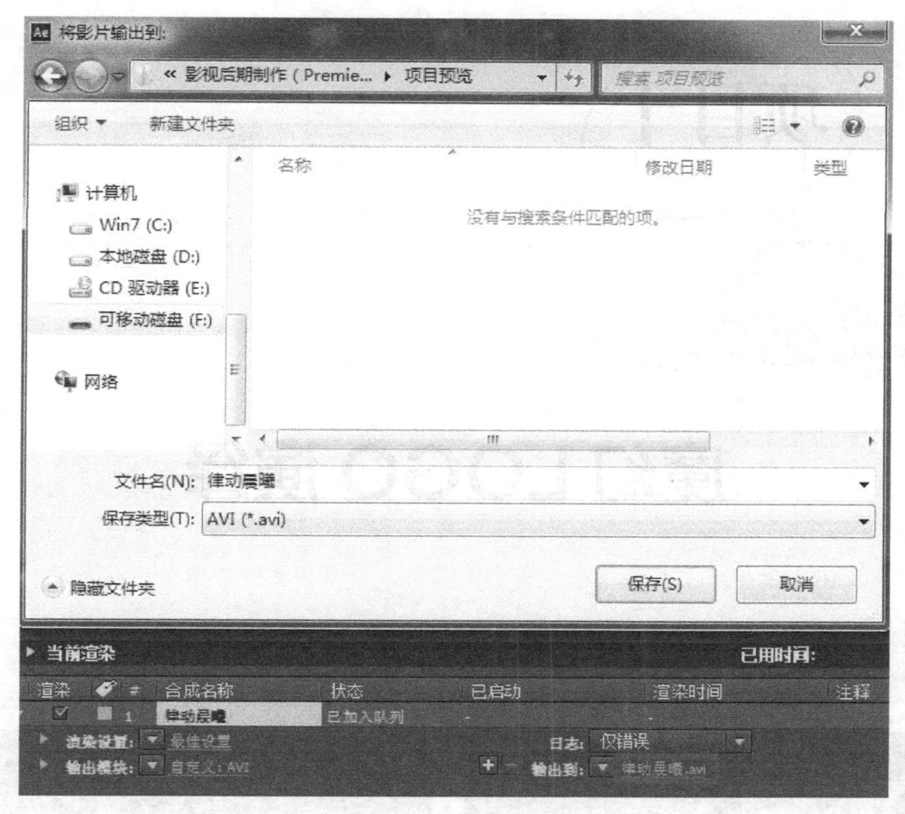


图 9-26　设置输出路径

## 任务反馈

对常见的素材艺术加工处理后，使受众耳目一新，是本任务重点。将不同时间地点拍摄的不同色调影片有机结合，并加以第三方元素突出主题，是本任务的难点。将素材合成是容易做到的，突出重点，突破难点是本任务着重要解决的问题，通过任务历练思维模式，为今后的影片制作打下坚实的基础。

## 任务拓展

动手拍摄深圳素材制作影片，展现深圳的科技、文化、经济、人文等，“来了就是深圳人”，介绍在深圳创业的有识之士。影片要求色调统一，不需要炫技，重在表现内涵。如何赋予普通镜头新鲜感是重点，找到定位主题的元素贯穿影片，使影片连贯通畅，运用平实的视听语言展示主题。

# 魔幻 LOGO 演绎

## 任务展示

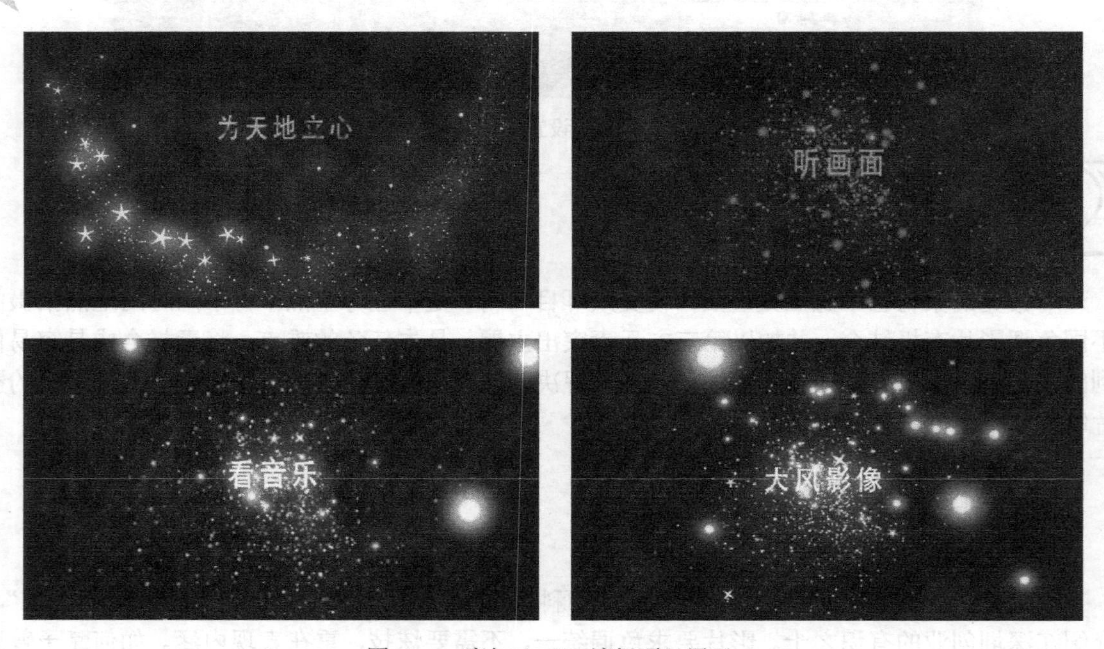


图 10-1　魔幻 LOGO 演绎项目展示

## 任务分析

绚丽的特效是动态影片独特的表现形式，可以为影片添加强大的视觉吸引力，同时带给受众无限遐想空间。本任务正是基于对影片分镜合成的基础上，添加著名的3d粒子系统Particular，使画面呈现绚丽的视觉效果。以此为形象 LOGO 演绎，运用通感表现，寓意大风影像具有无限魔力，诠释充满幻想与无尽的可能，并可为客户提供最佳的视觉效果。

## 任务步骤

**【步骤 1】**新建合成，在弹出的“合成设置”面板中，命名合成名称为“魔幻 LOGO 演绎”，预设为 HDV/HDTV 720 25 宽银幕，宽度“1280”px，高度“720”px，持续时间设定为 15 秒，如图 10-2 所示。

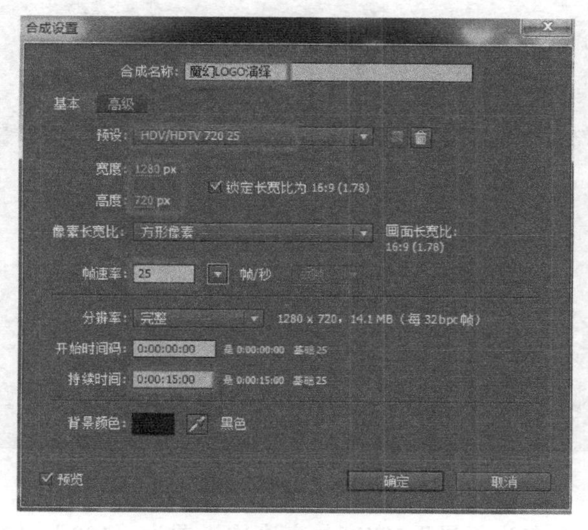


图 10-2　创建高清合成

**【步骤 2】**由于本任务使用 3d 粒子系统 Particular，首先创建三维摄像机。更改摄像机选项，设置缩放、焦距、光圈形状，如图 10-3 所示。

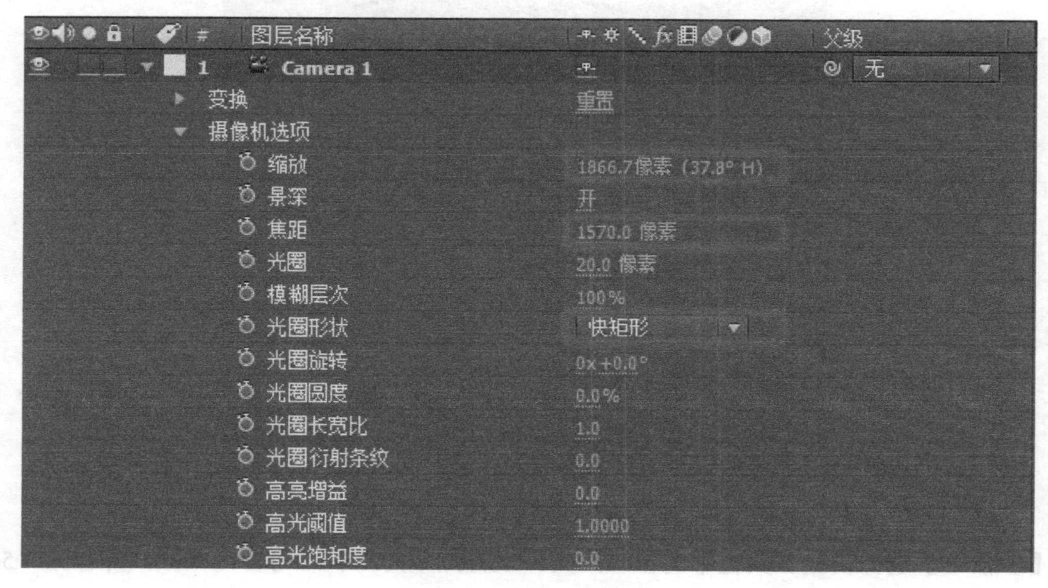


图 10-3　创建摄像机

【步骤 3】创建灯光，设置名称，灯光类型为“点”，设定灯光颜色，录制位置、强度动画，选择关键帧，单击鼠标右键，在弹出的菜单中选择“关键帧辅助”下的“缓动”命令，使灯光匀速运动，如图 10-4 所示。

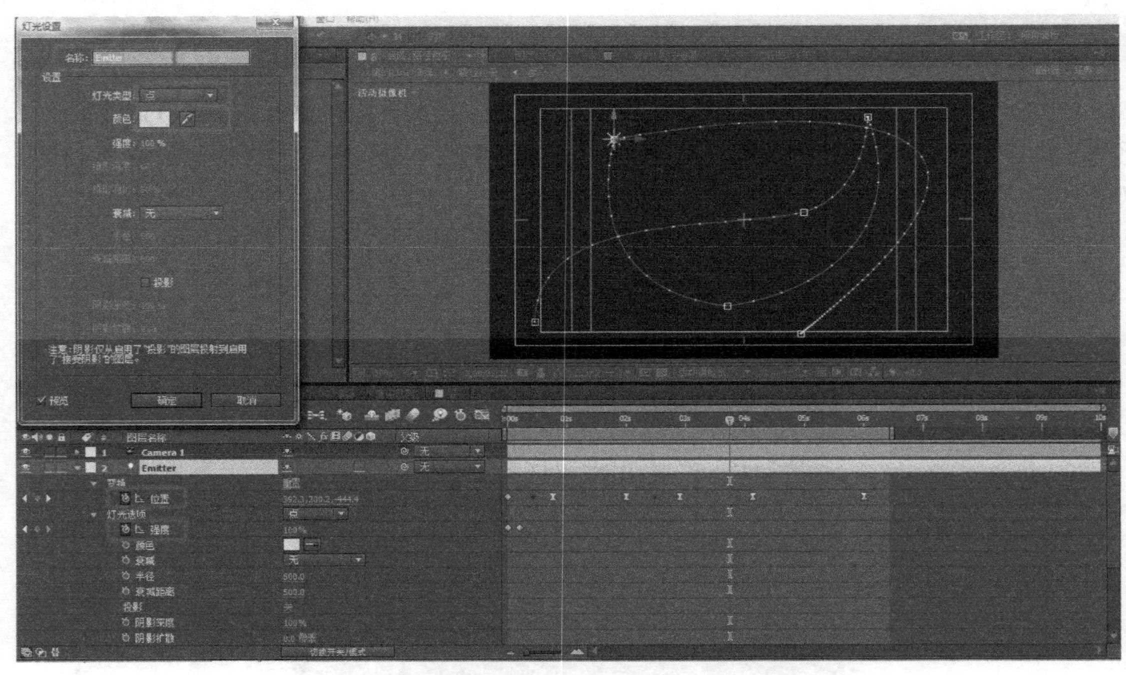


图 10-4　创建灯光

【步骤 4】新建合成命名为“星”，宽度与高度均设置为“100”，如图 10-5 所示。

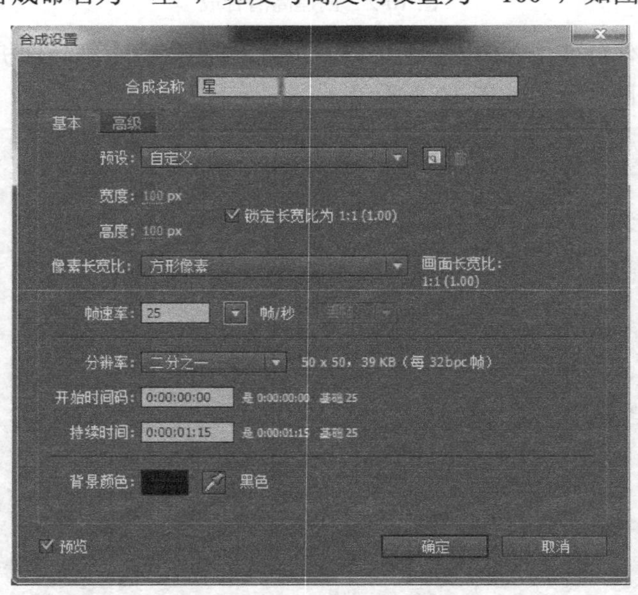


图 10-5　创建星粒子合成

【步骤 5】选择快捷工具栏中的星形工具，设置点数为“4”，内径为“9”，外径为“50”，录制缩放动画，如图 10-6 所示。

图 10-6　制作十字星动画

【步骤 6】选择快捷工具栏中的星形工具，设置点数为“5”，内径为“9”，外径为“50”，录制缩放动画，如图 10-7 所示。

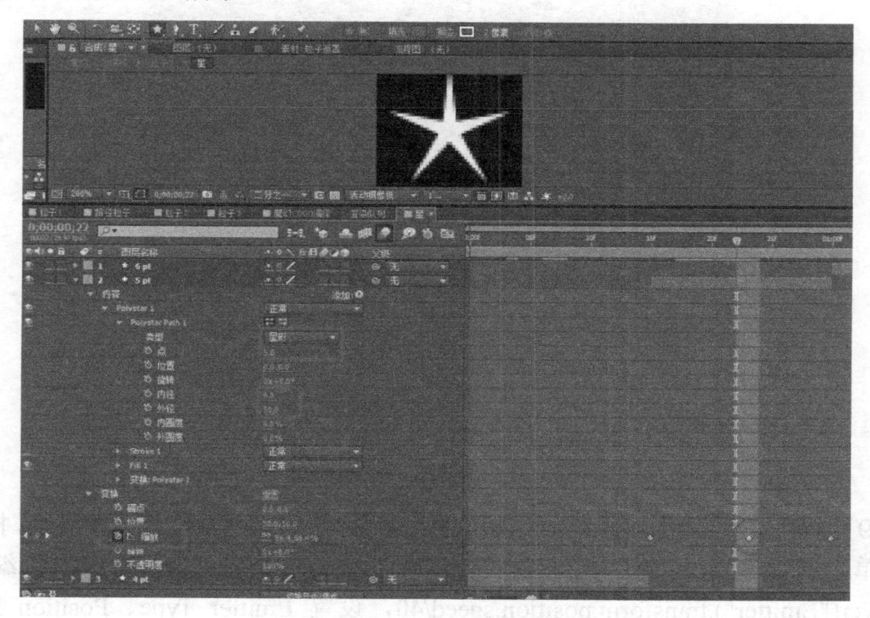

图 10-7　制作五角星动画

【步骤 7】选择快捷工具栏中的星形工具，设置点数为“6”，内径为“9”，外径为“50”，录制缩放动画，如图 10-8 所示。

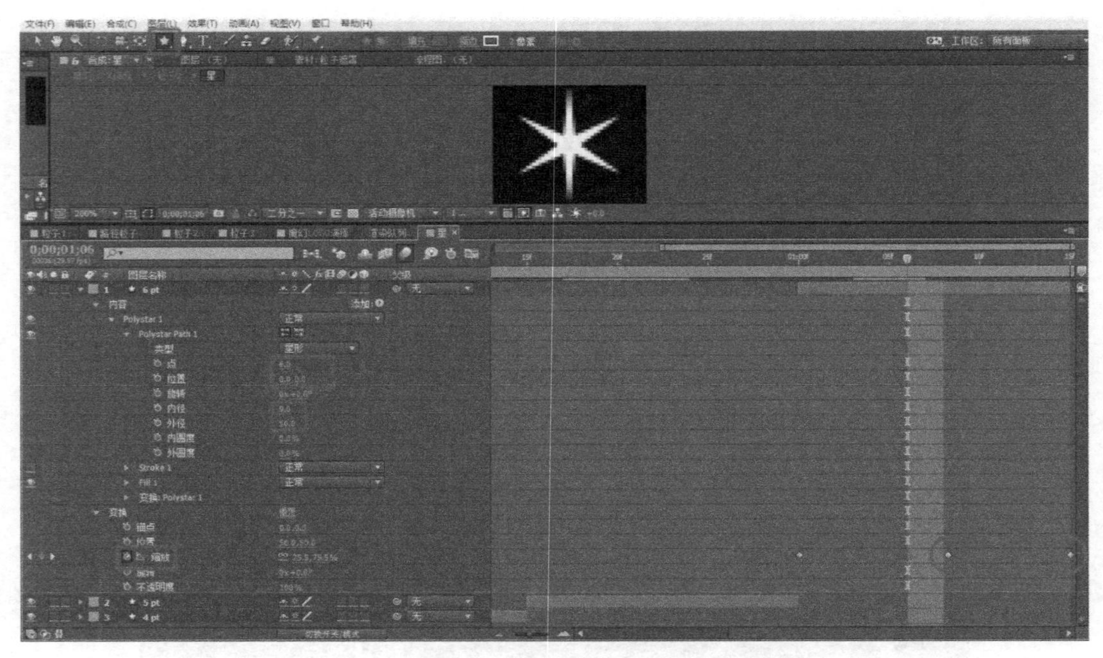

图 10-8　制作六角星动画

【步骤 8】新建合成命名为路径粒子，宽度设置为 1280px，高度设置为 720 px，如图 10-9 所示。

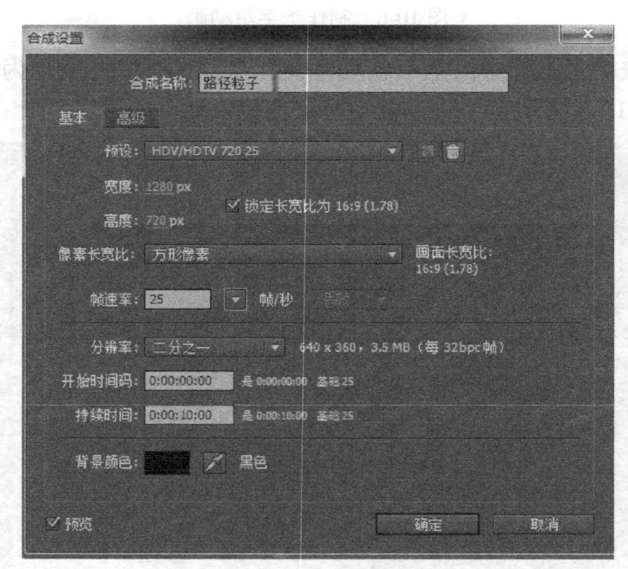


图 10-9　创建路径粒子合成

【步骤 9】创建纯色层命名小星，添加 Particular 特效，运用表达式与灯光层关联，打开 Emitter 的下拉菜单，按住键盘上的“Alt”键单击 Particles/sec 的时间变化秒表，编写表达式 thisComplayer("Emitter").transform.position.speed/40，设置 Emitter Type、Position Subframe、Direction、Velocity、Velocity Random[%]、Velocity Distribution、Velocity from Motion[%]、Emitter Size X、Emitter Size Y、Emitter Size Z、Particles/sec modifier、Random Seed，如图 10-10 所示。

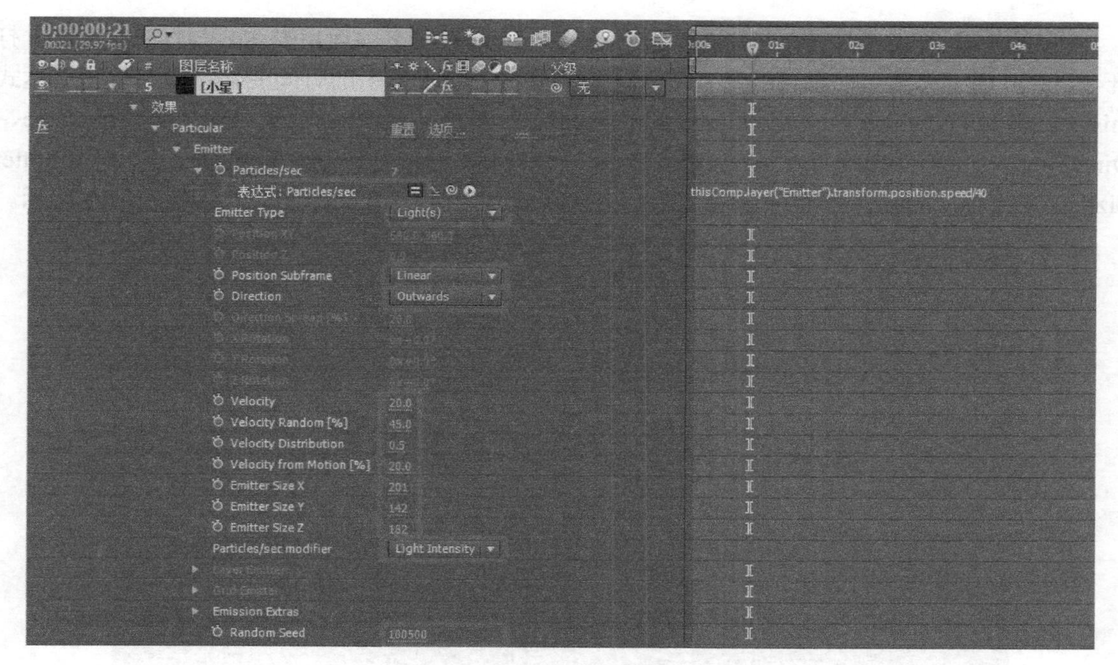

图 10-10 创建小星粒子

**【步骤 10】**接下来将粒子替换为小星。设置 Particle 下的 Life[sec]、Life Random[%]，将 Texture 下 Layer 指定为星，设置 Time Sampling ，设置 Rotation 下的 Set Color 如图 10-11 所示。

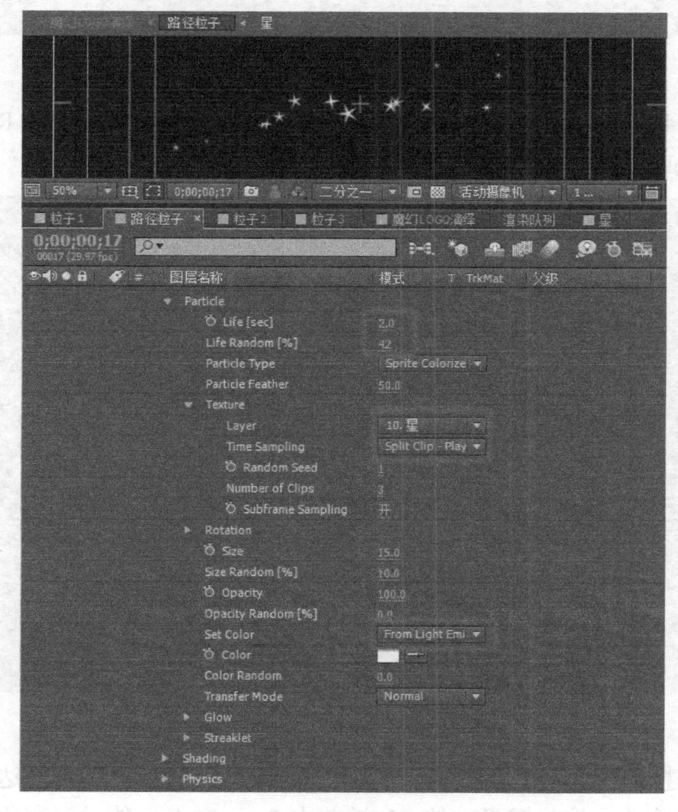

图 10-11 设置小星粒子参数

【步骤 11】创建纯色层命名为粒子群，添加 Particular 特效，运用表达式与灯光层关联，打开 Emitter 的下拉菜单，按住键盘上的 Alt 键单击 Particles/sec 的时间变化秒表，编写表达式 thisComplayer("Emitter").transform.position.speed*3，设置 Emitter Type、Position Subframe、Direction、Velocity、Velocity Random[%]、Velocity Distribution、Velocity from Motion[%]、Emitter Size X、Emitter Size Y、Emitter Size Z、Particles/sec modifier、Random Seed，如图 10-12 所示。

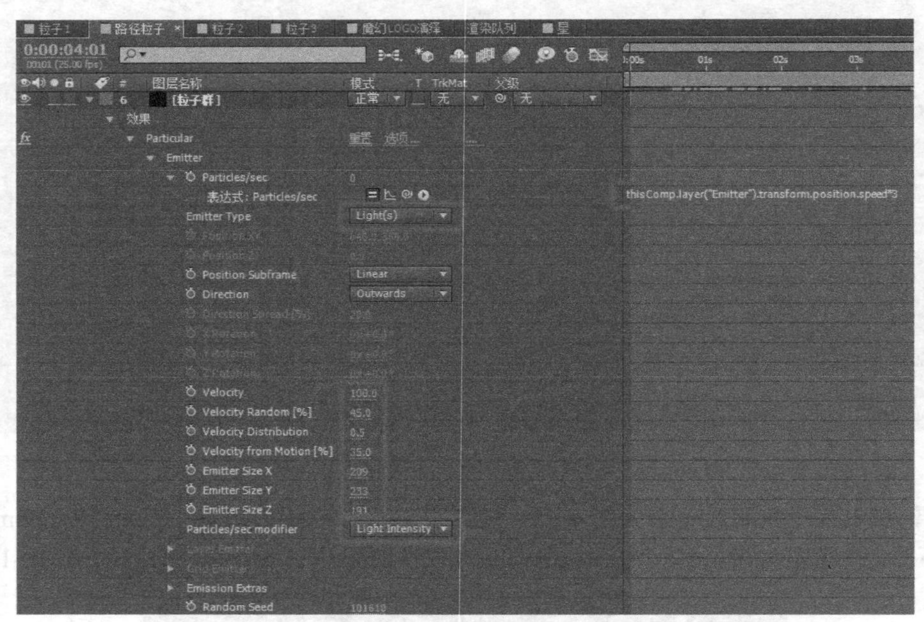


图 10-12　创建粒子群

【步骤 12】设置 Particle 下的 Life[sec]、Life Random[%]，设置 Size、Size Random[%]、Opacity Random[%]、Set Color，如图 10-13 所示。

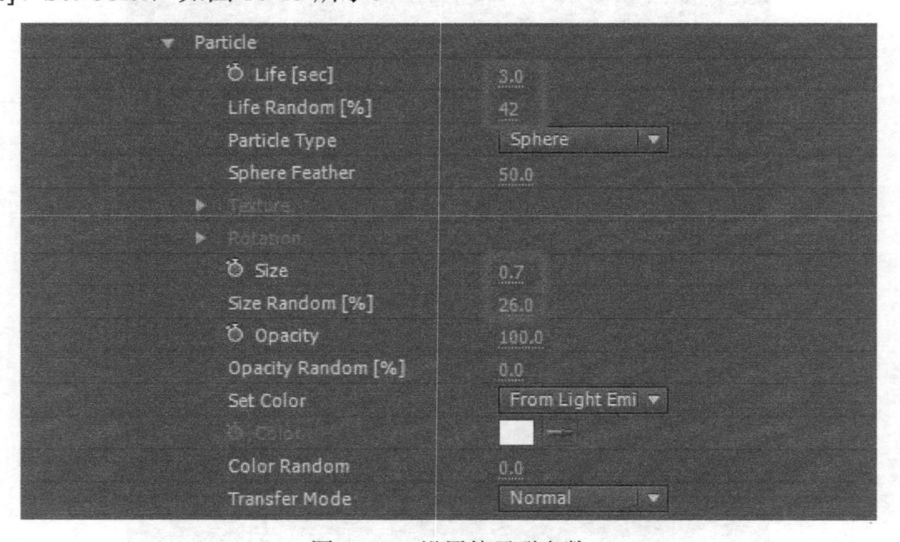


图 10-13　设置粒子群参数

【步骤 13】创建纯色层命名为散粒子，添加 Particular 特效，运用表达式与灯光层关联，打开 Emitter 的下拉菜单，按住键盘上的 Alt 键单击 Particles/sec 的时间变化秒表，编写表达式

thisComplayer("Emitter").transform.position.speed/40，设置 Emitter Type、Position Subframe、Direction、Velocity、Velocity Random[%]、Velocity Distribution、Velocity from Motion[%]、Emitter Size X、Emitter Size Y、Emitter Size Z、Particles/sec modifier、Random Seed，如图 10-14 所示。

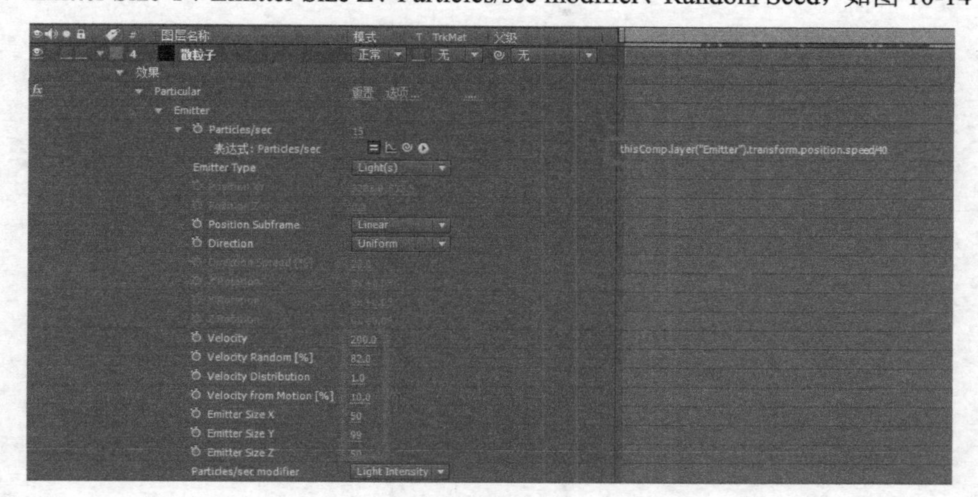


图 10-14 创建散粒子

**【步骤 14】**设置 Particle 下的 Life[sec]、Life Random[%]、Sphere Feather，设置 Size、Size Random[%]、Opacity Random[%]、Set Color，如图 10-15 所示。

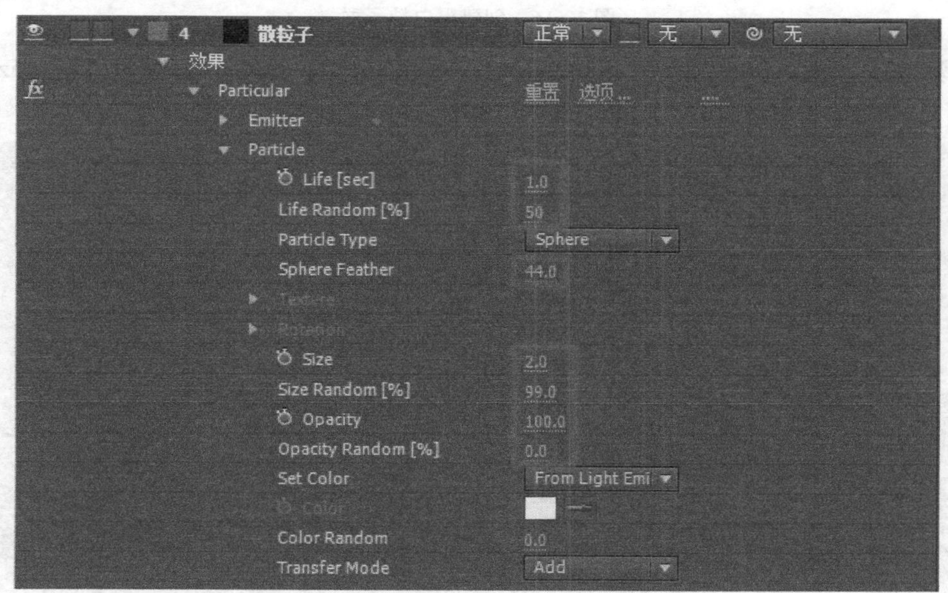


图 10-15 设置散粒子参数

**【步骤 15】**创建纯色层命名为黑白粒子群，添加 Particular 特效，运用表达式与灯光层关联，打开 Emitter 的下拉菜单，按住键盘上的“Alt”键单击 Particles/sec 的时间变化秒表，编写表达式 thisComplayer("Emitter").transform.position.speed/2，设置 Emitter Type、Position Subframe、Direction、Velocity、Velocity Random[%]、Velocity Distribution、Velocity from Motion[%]、Emitter Size X、Emitter Size Y、Emitter Size Z、Particles/sec modifier、Random Seed，如图 10-16

所示。

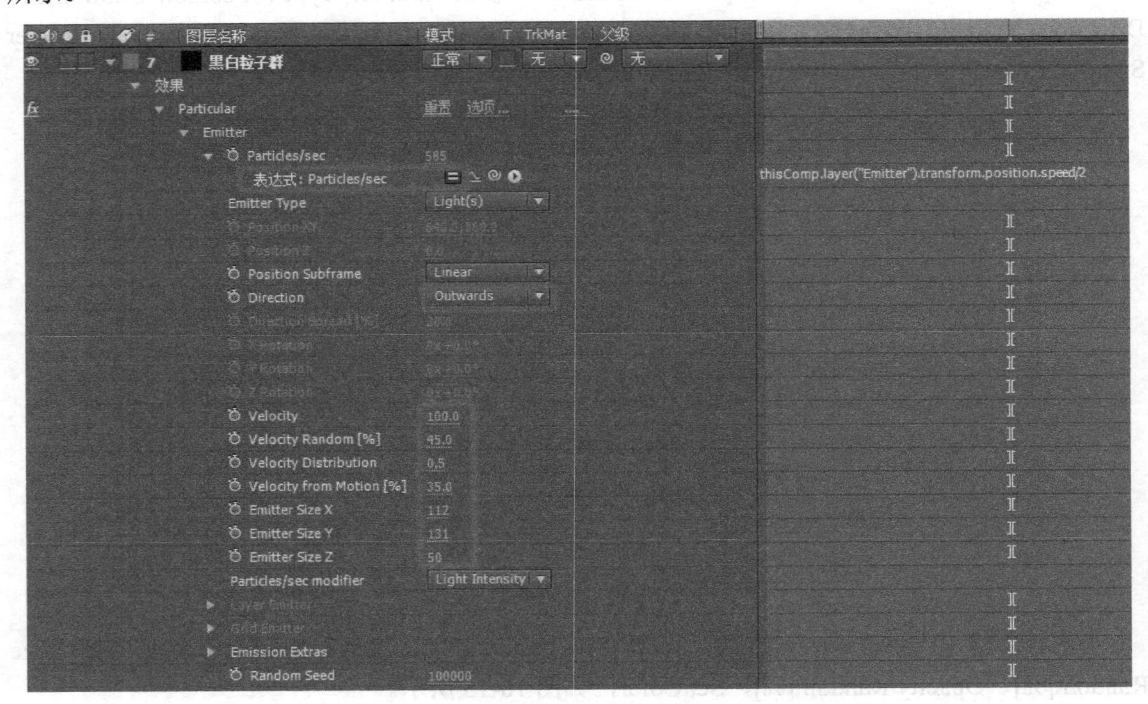

图 10-16　创建黑白粒子群

【步骤 16】设置 Particle 下的 Life[sec]、Life Random[%]、Sphere Feather，设置 Size、Size Random[%]、Opacity Random[%]、Set Color，如图 10-17 所示。

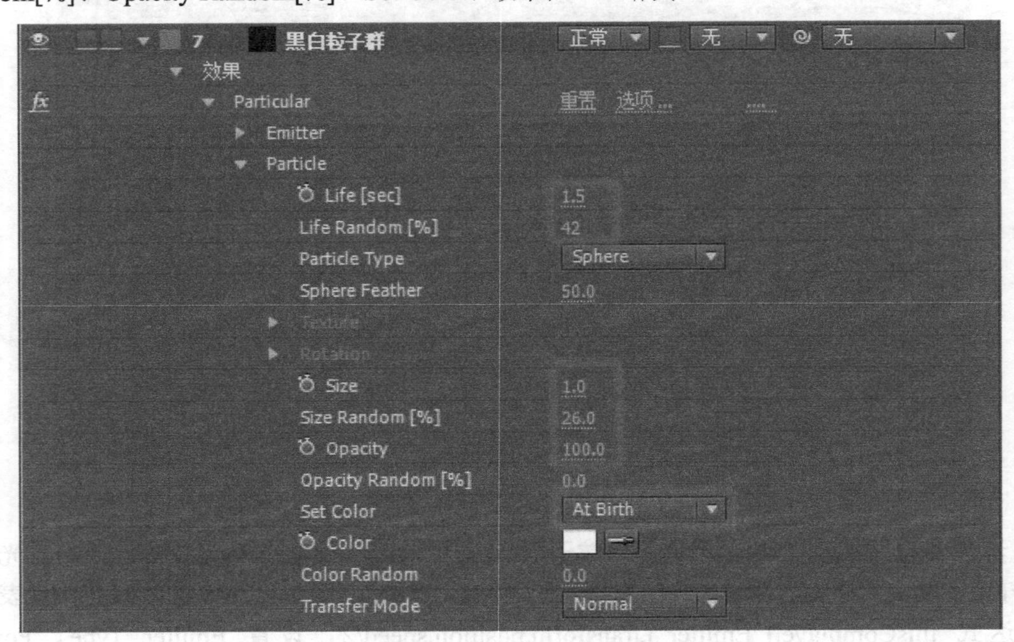

图 10-17　设置黑白粒子群参数

【步骤 17】黑白粒子群完成效果如图 10-18 所示。

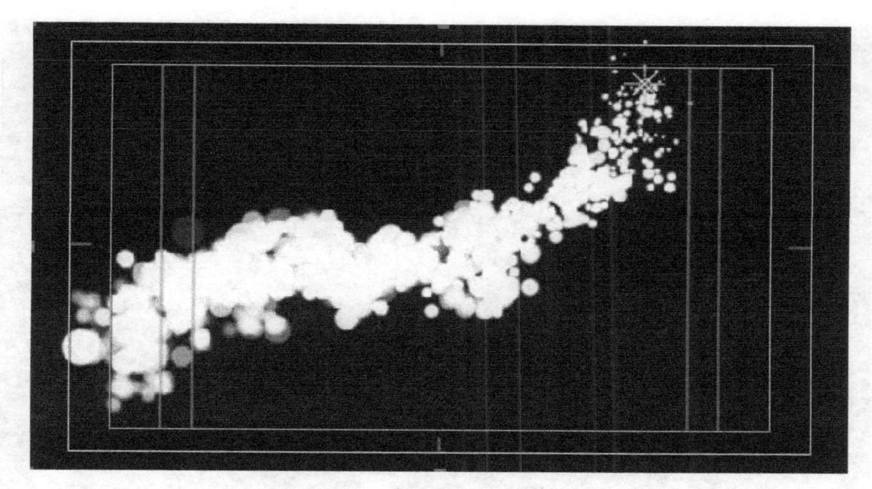

图 10-18　完成黑白粒子群设置

**【步骤 18】**创建纯色层命名为黑白粒子，添加 Particular 特效，运用表达式与灯光层关联，打开 Emitter 的下拉菜单，按住键盘上的“Alt”键单击 Particles/sec 的时间变化秒表，编写表达式 thisComplayer("Emitter").transform.position.speed/2，设置 Emitter Type、Position Subframe、Direction、Direction Spread[%]、Velocity、Velocity Random[%]、Velocity Distribution、Velocity from Motion[%]、Emitter Size X、Emitter Size Y、Emitter Size Z、Particles/sec modifier、Random Seed，如图 10-19 所示。

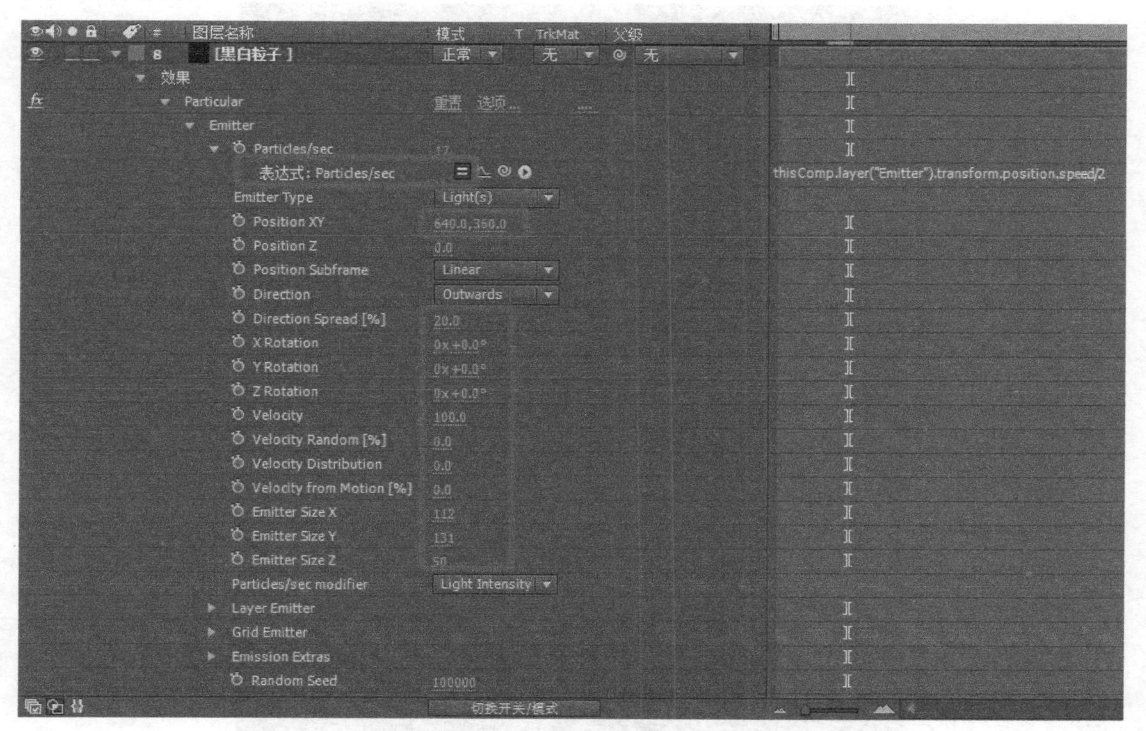


图 10-19　创建黑白粒子

**【步骤 19】**设置 Particle 下的 Life[sec]、Life Random[%]、Sphere Feather，设置 Size、Size Random[%]、Opacity Random[%]、Set Color，如图 10-20 所示。

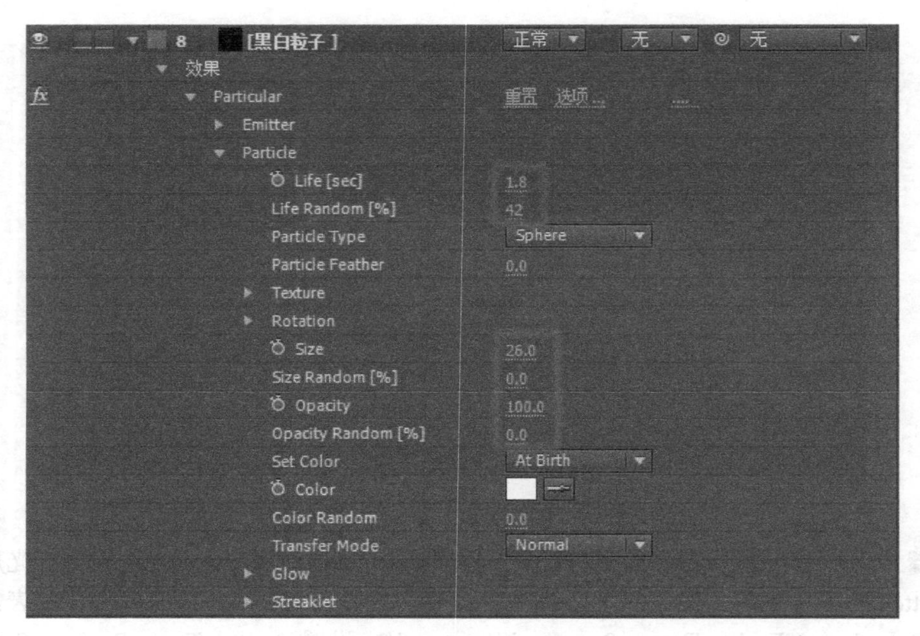


图 10-20　设置黑白粒子参数 1

【步骤 20】设置 Physics 下的 Physics Time Factor，Aux System 下的 Emit Probability[%]、Particles/sec、Lift[sec]、Velocity、Size、Opacity、Feather，如图 10-21 所示。

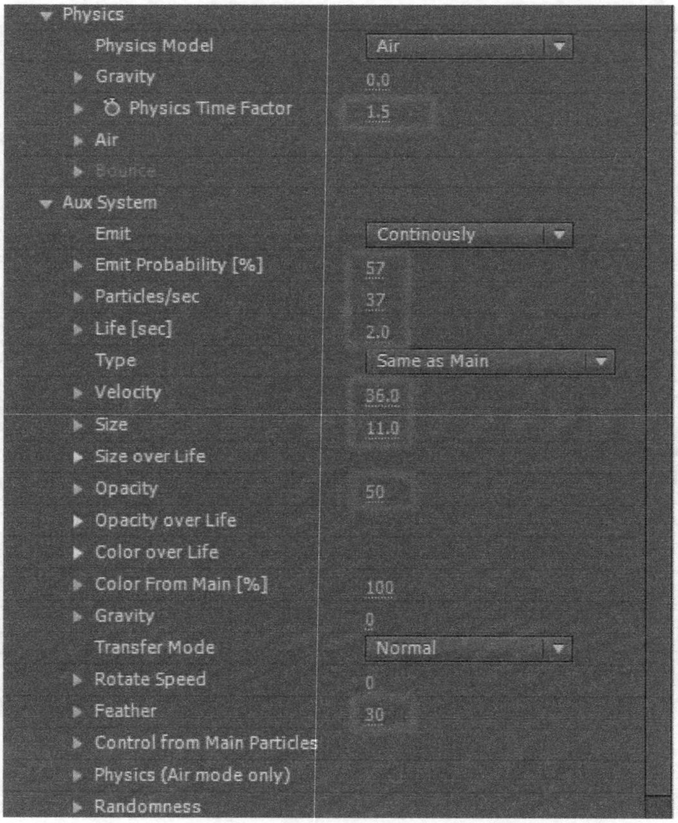

图 10-21　设置黑白粒子参数 2

【步骤 21】创建文本，打开 3D 模式，关闭投影、接受阴影与灯光，环境、漫射、镜面强度、镜面反光度，位置，设置图层模式为亮度，如图 10-22 所示。

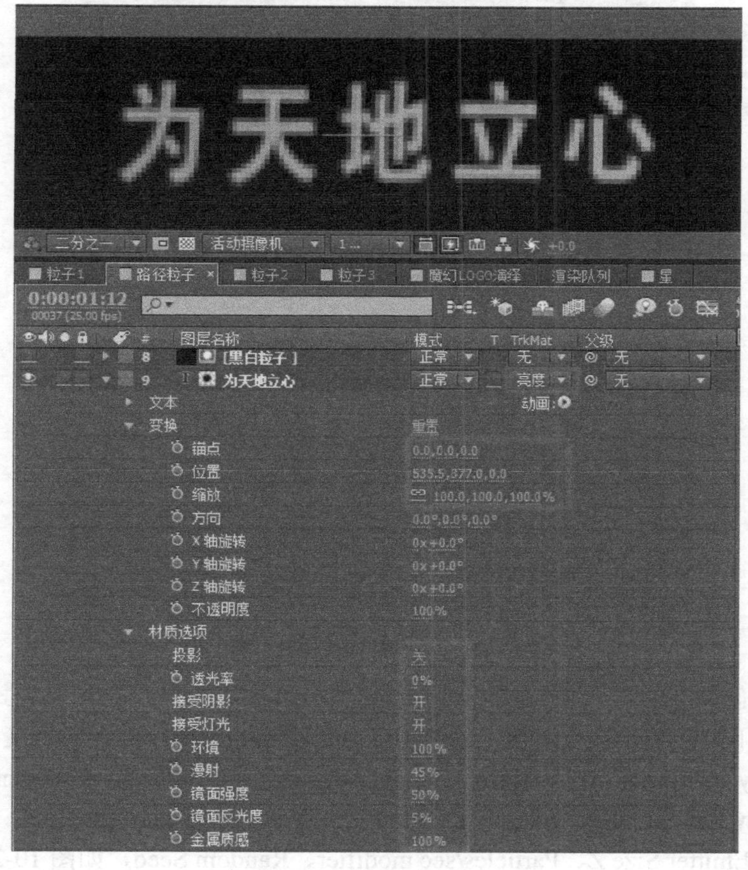

图 10-22　创建文字

【步骤 22】创建调节图层添加辉光特效，设置发光阈值、半径、强度，如图 10-23 所示。

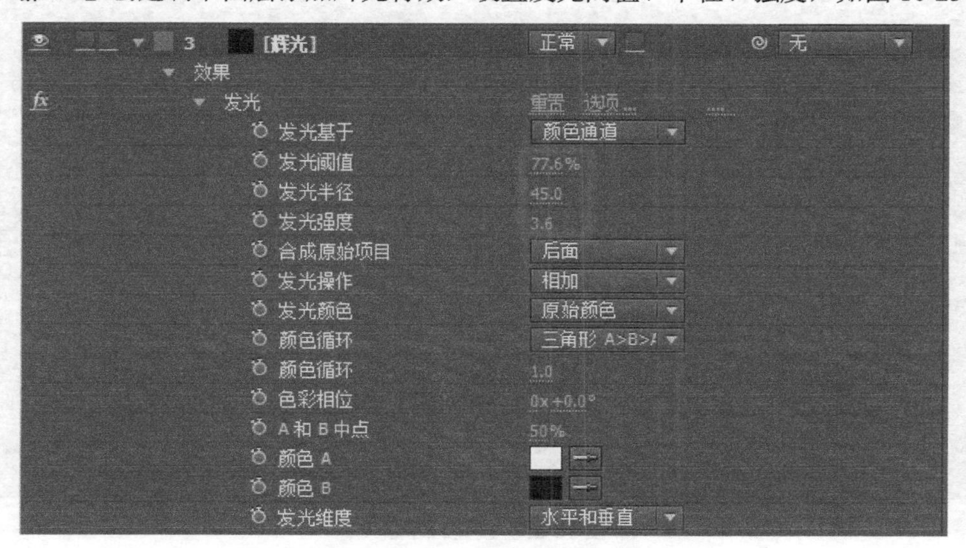

图 10-23　创建调节层添加辉光特效

【步骤 23】完成路径粒子合成制作，图层顺序如图 10-24 所示。

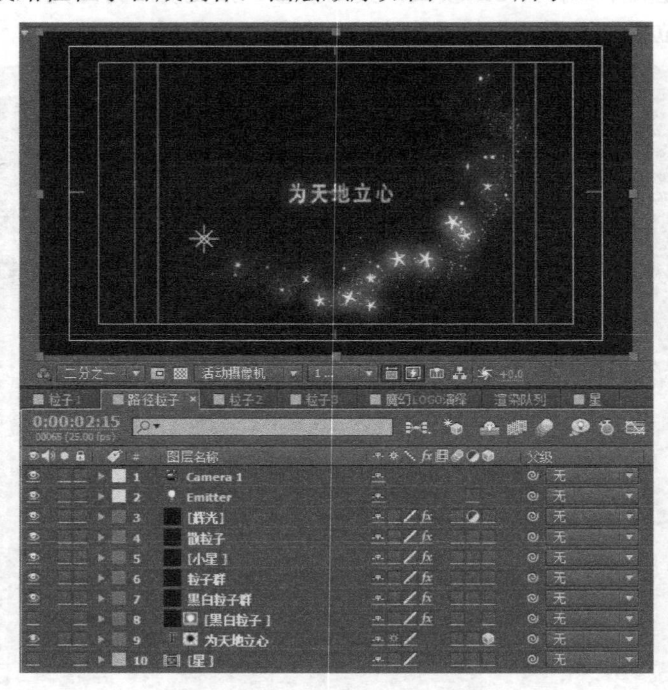

图 10-24　完成路径粒子合成制作

【步骤 24】创建纯色层命名为粒子群 1，添加 Particular 特效，运用表达式与灯光层关联，打开 Emitter 的下拉菜单，按住键盘上的“Alt”键单击 Particles/sec 的时间变化秒表，编写表达式 thisComplayer("Emitter").transform.position.speed，设置 Emitter Type、Direction Spread[%]、Velocity、Velocity Random[%]、Velocity Distribution、Velocity from Motion[%]、Emitter Size X、Emitter Size Y、Emitter Size Z、Particles/sec modifier、Random Seed，如图 10-25 所示。

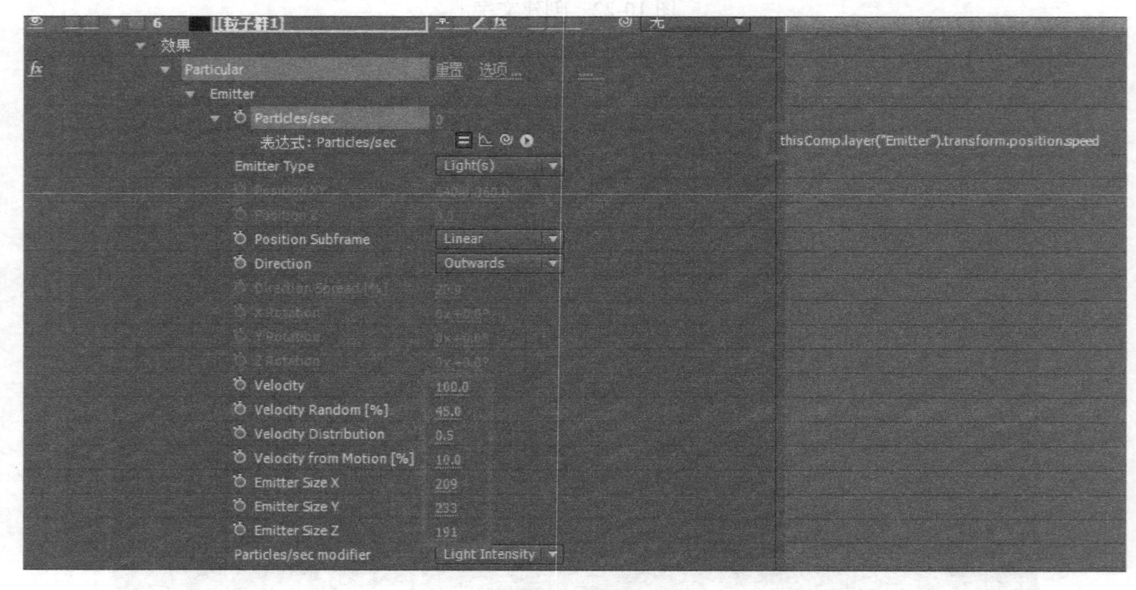

图 10-25　创建粒子群 1

【步骤 25】设置 Particle 下的 Life[sec]、Life Random[%]、Sphere Feather，设置 Size、Size Random[%]、Opacity Random[%]、Set Color，如图 10-26 所示。

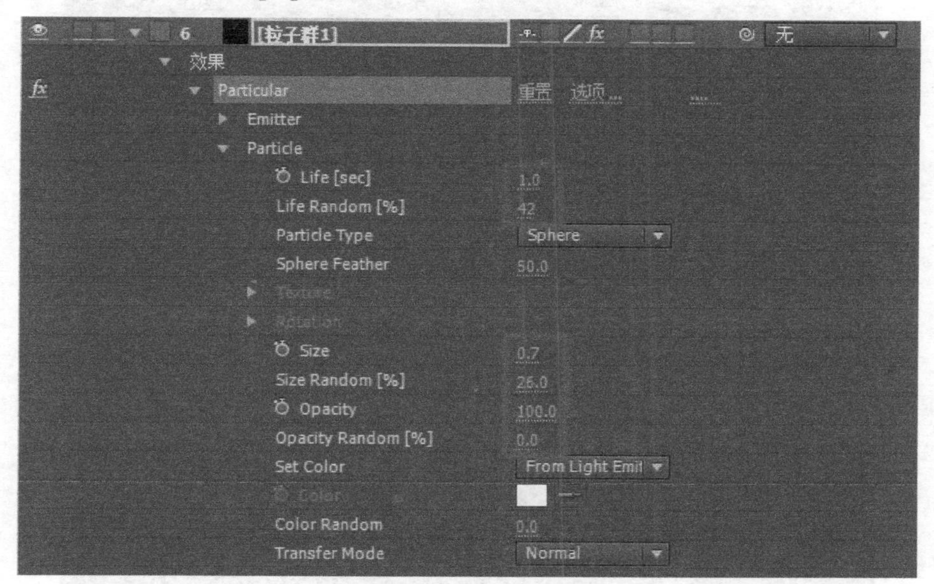


图 10-26　设置粒子群 1 参数

【步骤 26】创建纯色层命名为小星粒子，添加 Particular 特效，运用表达式与灯光层关联，打开 Emitter 的下拉菜单，按住键盘上的“Alt”键单击 Particles/sec 的时间变化秒表，编写表达式 thisComplayer("Emitter").transform.position.speed/100，设置 Emitter Type、Direction Spread[%]、Velocity、Velocity Random[%]、Velocity Distribution、Velocity from Motion[%]、Emitter Size X、Emitter Size Y、Emitter Size Z、Particles/sec modifier、Random Seed，如图 10-27 所示。

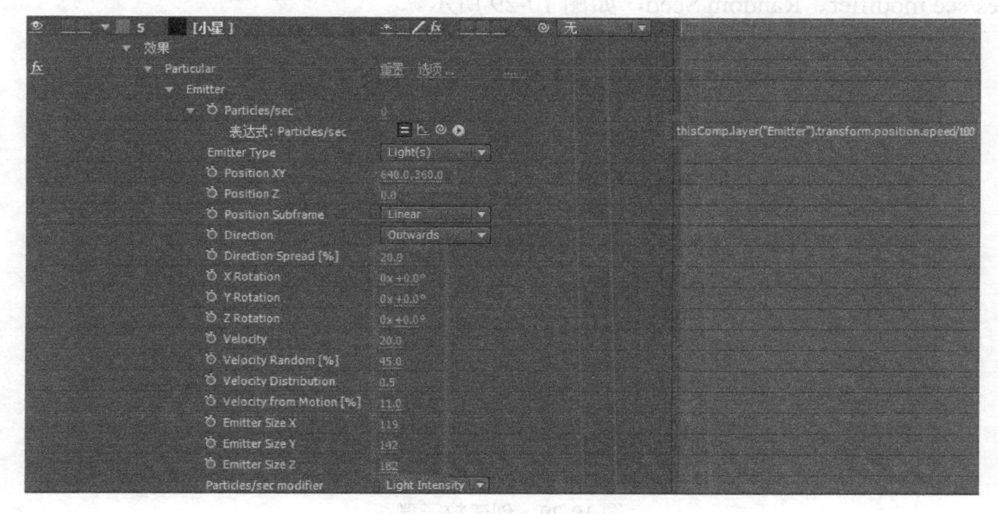


图 10-27　创建小星粒子

【步骤 27】接下来将粒子替换为星。设置 Particle 下的 Life[sec]、Life Random[%]，Textuer 下 Layer 指定为星，设置 Random　Seed、Number of Clips，设置 Time Sampling ，设置 Rotation 下的 Set Color，如图 10-28 所示。

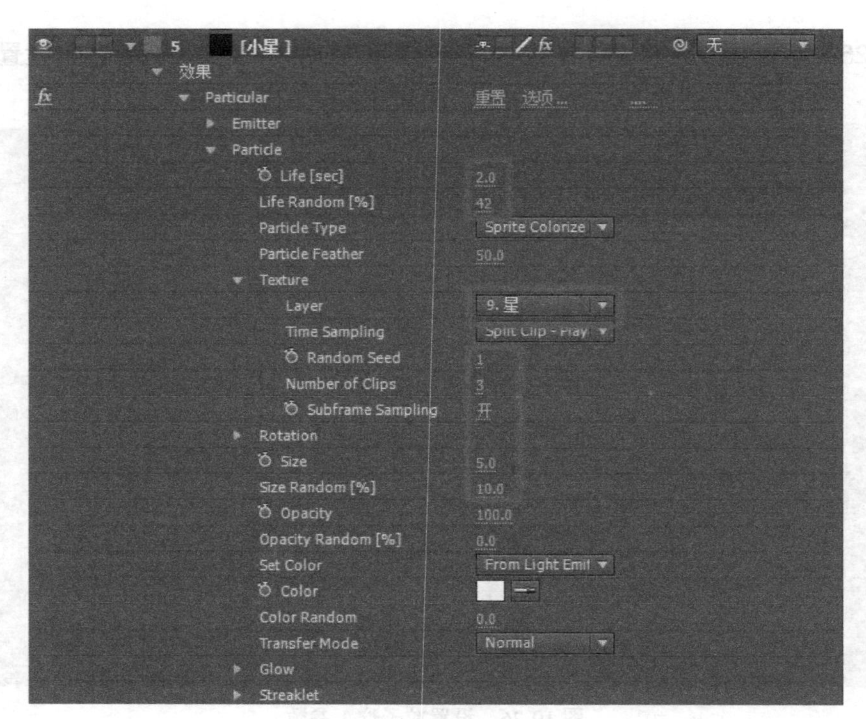


图 10-28　设置小星粒子参数

【**步骤 28**】创建纯色层命名为粒子群 2，添加 Particular 特效，运用表达式与灯光层关联，打开 Emitter 的下拉菜单，按住键盘上的“Alt”键单击 Particles/sec 的时间变化秒表，编写表达式 thisComplayer("Emitter").transform.position.speed/10，设置 Velocity、Velocity Random[%]、Velocity Distribution、Velocity from Motion[%]、 Emitter Size X、Emitter Size Y、Emitter Size Z、Particles/sec modifier、Random Seed，如图 10-29 所示。

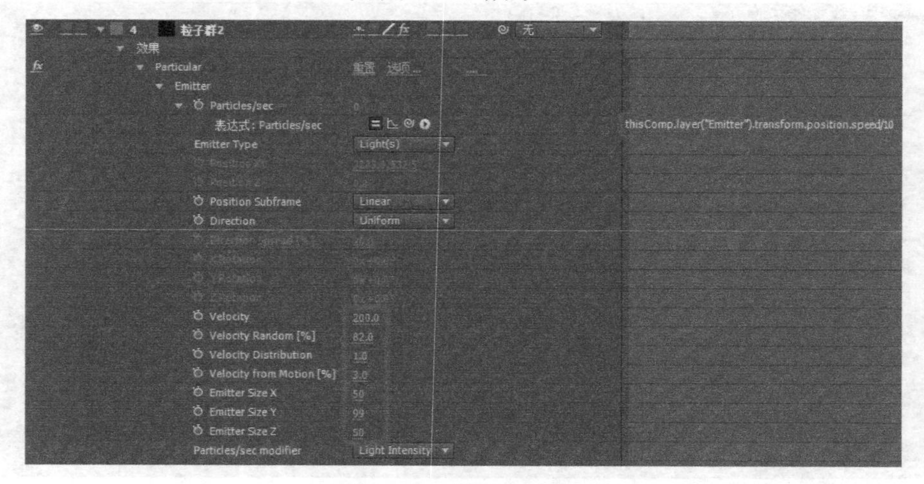


图 10-29　创建粒子群 2

【**步骤 29**】设置 Particle 下的 Life[sec]、Life Random[%]、Sphere Feather，设置 Size、Size Random[%]、Opacity Random[%]、Set Color，如图 10-30 所示。

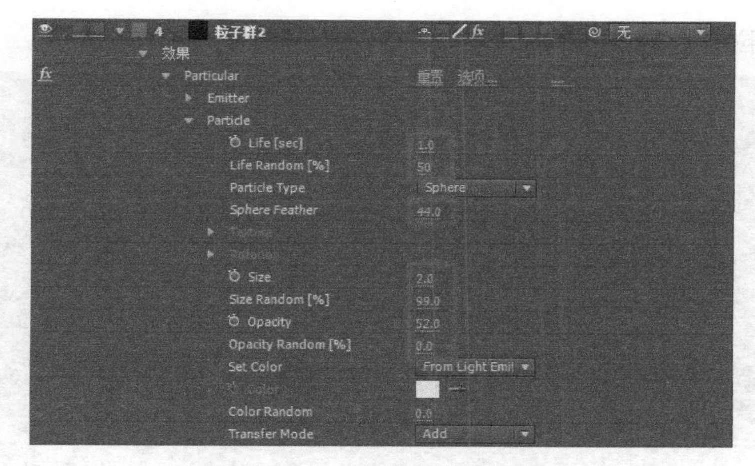


图 10-30　设置粒子群 2 参数

【步骤 30】创建调节图层添加辉光特效，设置发光阈值、半径、强度，如图 10-31 所示。

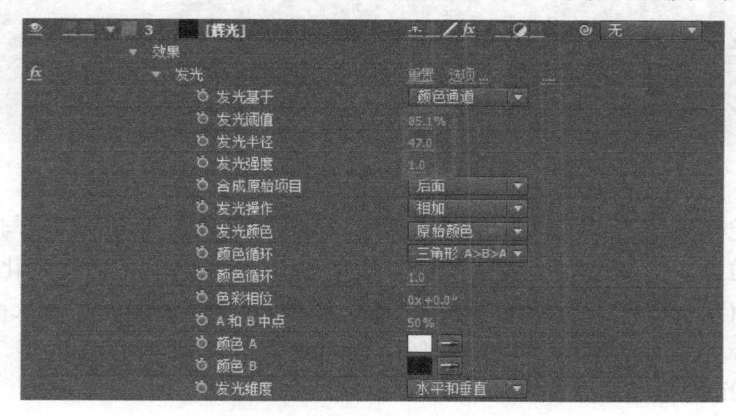


图 10-31　创建调节层添加辉光特效

【步骤 31】创建听画面文本，设置字体、字号、颜色、大小，打开 3D 图层模式，如图 10-32 所示。

图 10-32　创建听画面文本

【步骤 32】粒子 1 合成图层顺序如图 10-33 所示。

图 10-33　完成粒子 1 合成

【步骤 33】创建纯色层命名为大星，添加 Particular 特效，运用表达式与灯光层关联，打开 Emitter 的下拉菜单，按住键盘上的“Alt”键单击 Particles/sec 的时间变化秒表，编写表达式 thisComplayer("Emitter").transform.position.speed/10，设置 Velocity、Velocity Random[%]、Velocity Distribution、Velocity from Motion[%]、Emitter Size X、Emitter Size Y、Emitter Size Z、Particles/sec modifier、Random Seed 如图，10-34 所示。

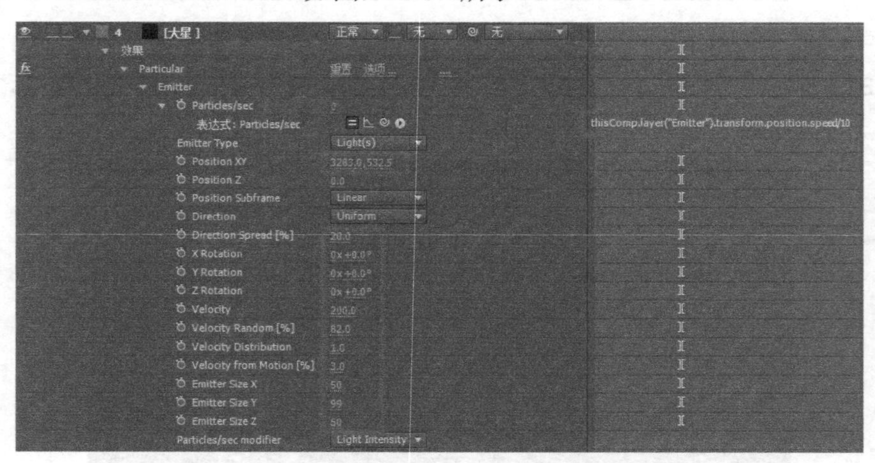


图 10-34　创建大星粒子

【步骤 34】将粒子替换为星。设置 Particle 下的 Life[sec]、Life Random[%]，Texture 下 Layer 指定为星，设置 Random　Seed、Number of Clips，设置 Time Sampling ，设置 Rotation 下的 Set Color，如图 10-35 所示。

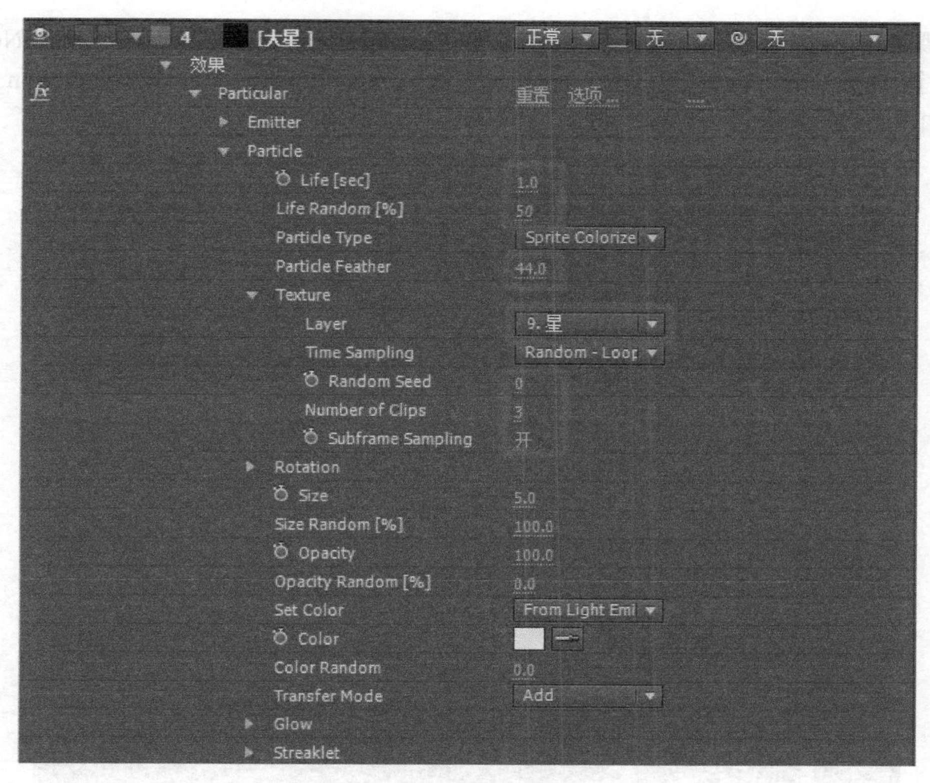


图 10-35　设置大星粒子参数

**【步骤 35】** 创建纯色层命名为粒子群 1，添加 Particular 特效，运用表达式与灯光层关联，打开 Emitter 的下拉菜单，按住键盘上的“Alt”键单击 Particles/sec 的时间变化秒表，编写表达式 thisComplayer("Emitter").transform.position.speed，设置 Velocity、Velocity Random[%]、Velocity Distribution、Velocity from Motion[%]、Emitter Size X、Emitter Size Y、Emitter Size Z、Particles/sec modifier、Random Seed，如图 10-36 所示。

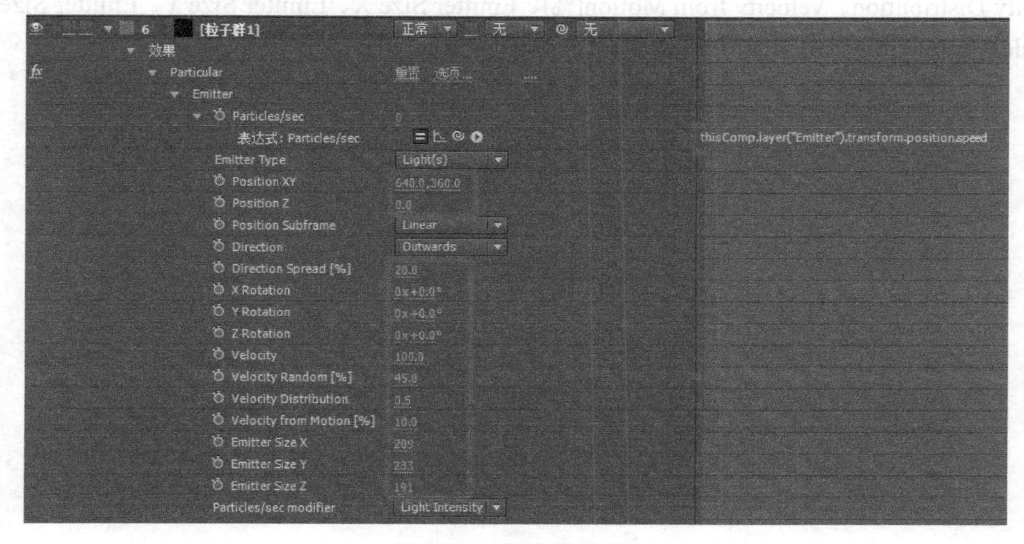


图 10-36　创建粒子群 1

【步骤 36】设置 Particle 下的 Life[sec]、Life Random[%]，设置 Random Seed、Number of Clips，设置 Time Sampling ，设置 Rotation 下的 Size、Size Rotation[%]，设置 Rotation 下的 Set Color，如图 10-37 所示。

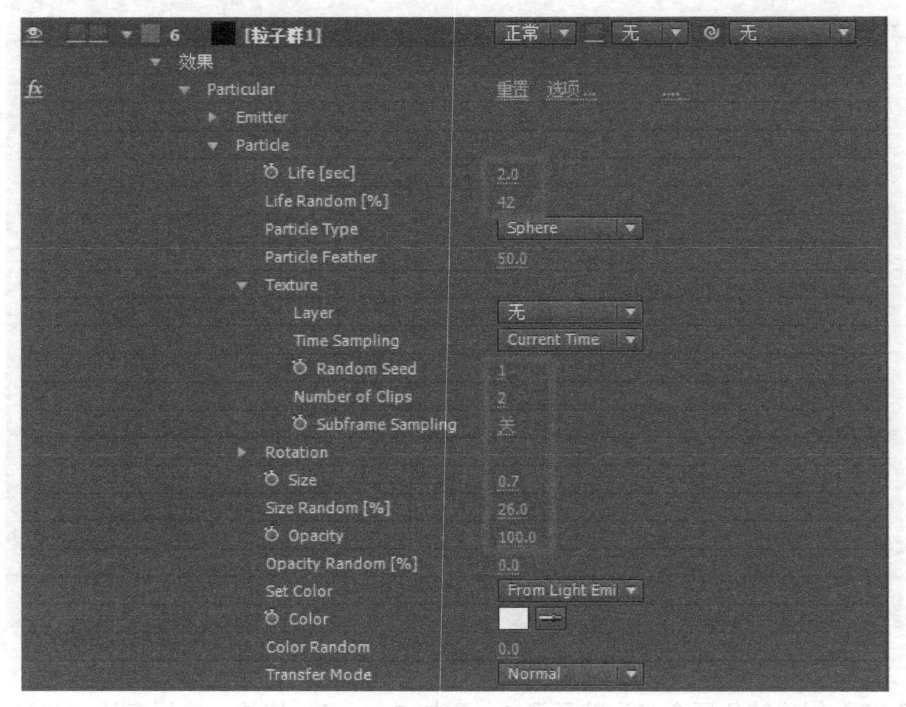

图 10-37 设置粒子群 1 参数

【步骤 37】创建纯色层命名为粒子群 1，添加 Particular 特效，运用表达式与灯光层关联，打开 Emitter 的下拉菜单，按住键盘上的“Alt”键单击 Particles/sec 的时间变化秒表，编写表达式 thisComplayer("Emitter").transform.position.speed/100，设置 Velocity、Velocity Random[%]、Velocity Distribution、Velocity from Motion[%]、Emitter Size X、Emitter Size Y、Emitter Size Z、Particles/sec modifier、Random Seed，如图 10-38 所示。

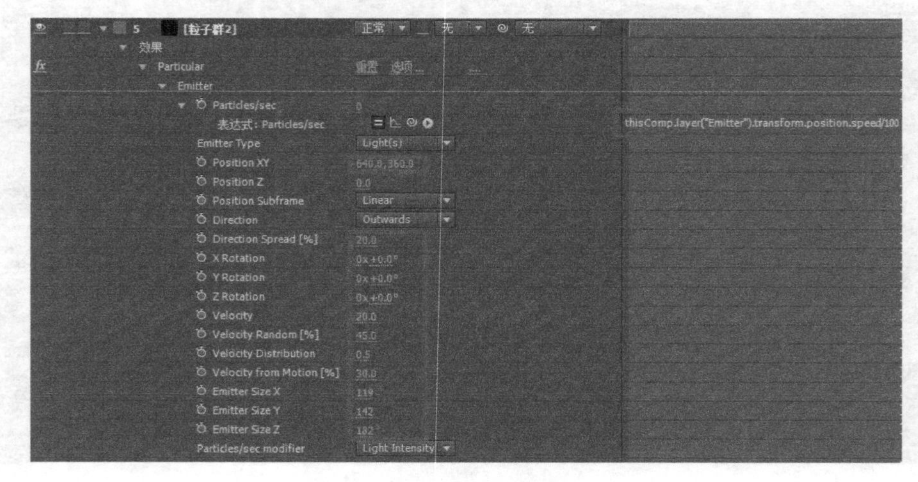

图 10-38 创建粒子群 2

【步骤 38】将粒子替换为星。设置 Particle 下的 Life[sec]、Life Random[%]，Texture 下 Layer 指定为星，设置 Random Seed、Number of Clips，设置 Time Sampling ，设置 Rotation 下的 Size、Size Rotation[%]，Set Color，如图 10-39 所示。

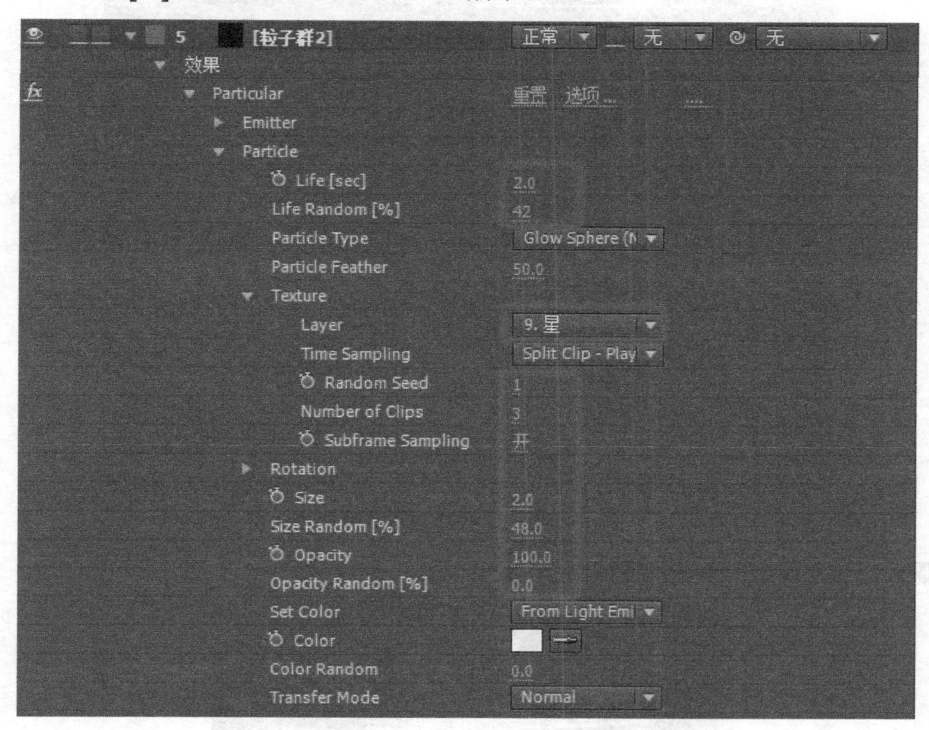


图 10-39　设置粒子群 2 参数

【步骤 39】创建纯色层添加特效制作粒子遮罩。设置 Particles/sec、Position XY、Velocity、Velocity Random[%]、Velocity Distribution、Velocity from Motion[%]，如图 10-40 所示。

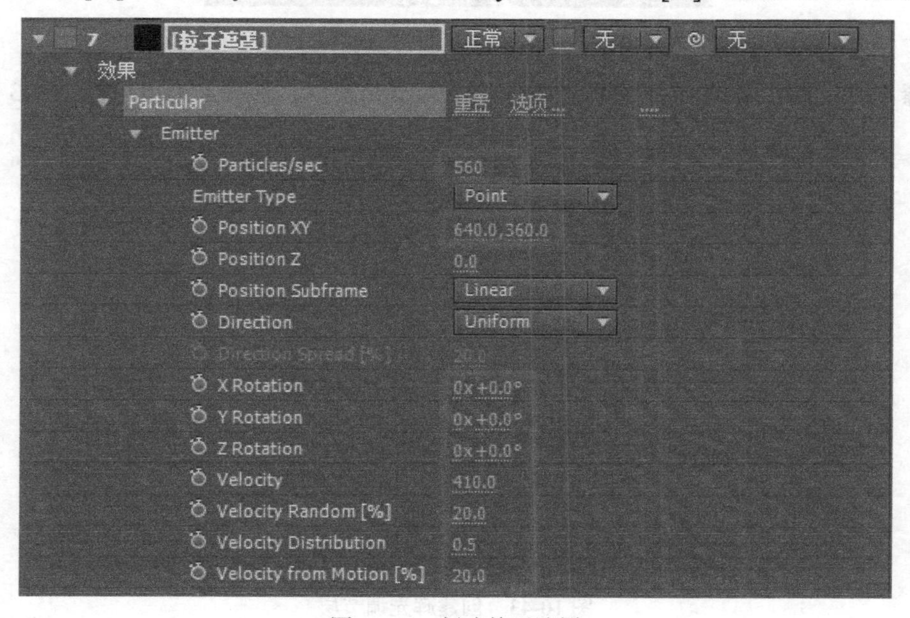


图 10-40　创建粒子遮罩

【步骤 40】设置 Particles 下的 Life[sec]、Life Random[%]、Sphere Feather，设置 Size、Size Random[%]、Opacity Random[%]、Set Color，如图 10-41 所示。

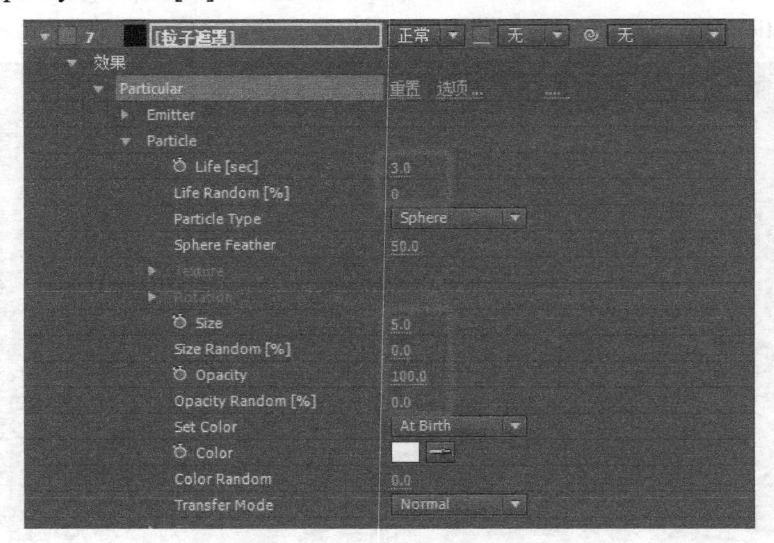


图 10-41　设置粒子遮罩参数

【步骤 41】完成粒子遮罩效果如图 10-42 所示。

图 10-42　完成粒子遮罩

【步骤 42】创建调节图层添加辉光特效，设置发光阈值、半径、强度如图 10-43 所示。

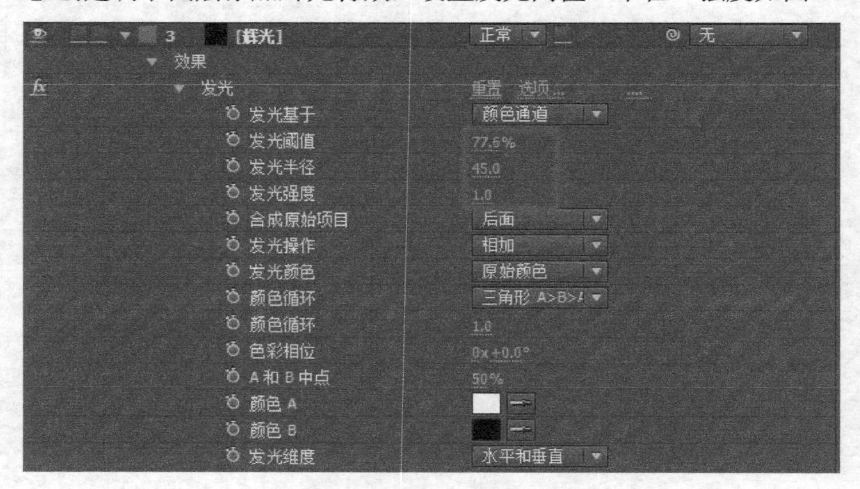


图 10-43　创建辉光调节层

【步骤 43】创建灯光录制位置动画，设置灯光颜色，如图 10-44 所示。

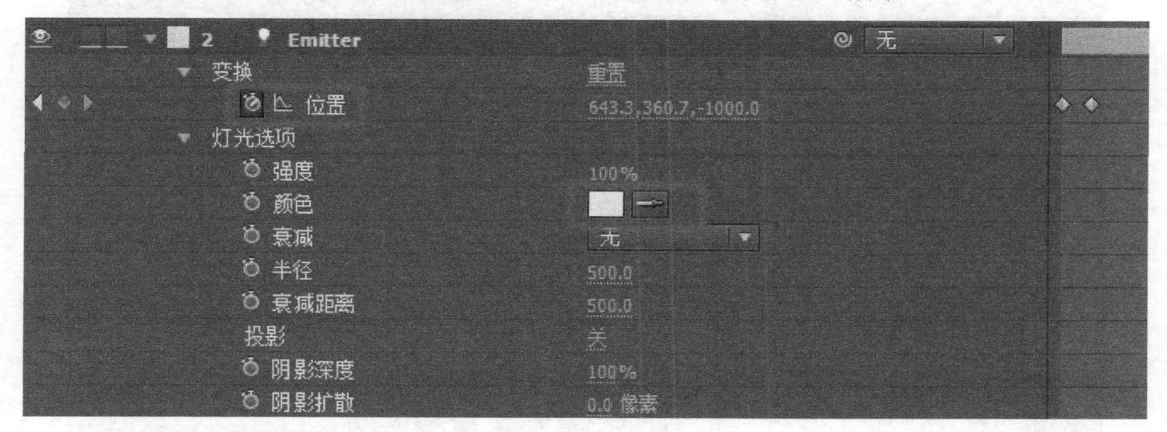


图 10-44　创建灯光

【步骤 44】创建摄像机录制目标点、位置动画，设置缩放、焦距、光圈，如图 10-45 所示。

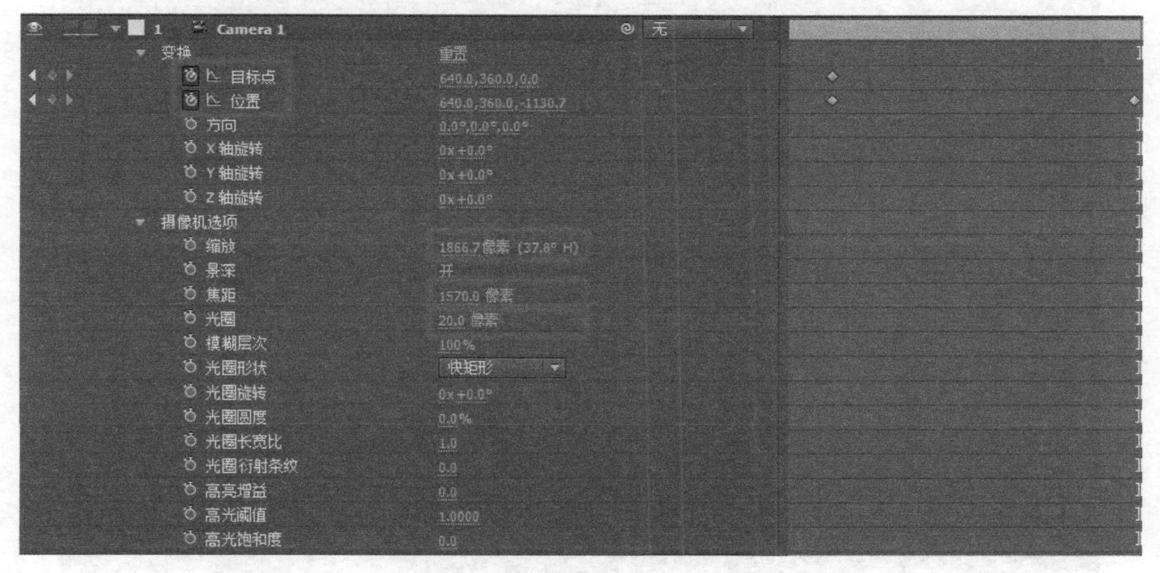


图 10-45　创建摄像机

【步骤 45】创建文字，设置图层模式为亮度，如图 10-46 所示。

【步骤 46】创建纯色层命名为粒子群 1，添加 Particular 特效，运用表达式与灯光层关联，打开 Emitter 的下拉菜单，按住键盘上的“Alt”键单击 Particles/sec 的时间变化秒表，编写表达式 thisComplayer("Emitter").transform.position.speed，设置 Velocity、Velocity Random[%]、Velocity Distribution、Velocity from Motion[%]、Emitter Size X、Emitter Size Y、Emitter Size Z、Particles/sec modifier、Random Seed，如图 10-47 所示。

【步骤 47】设置 Particles 下 Life[sec]、Life Random[%]、Sphere Feather，设置 Size、Size Random[%]、Opacity Random[%]、Set Color 如图 10-48 所示。

图 10-46　创建文字完成粒子 2 合成

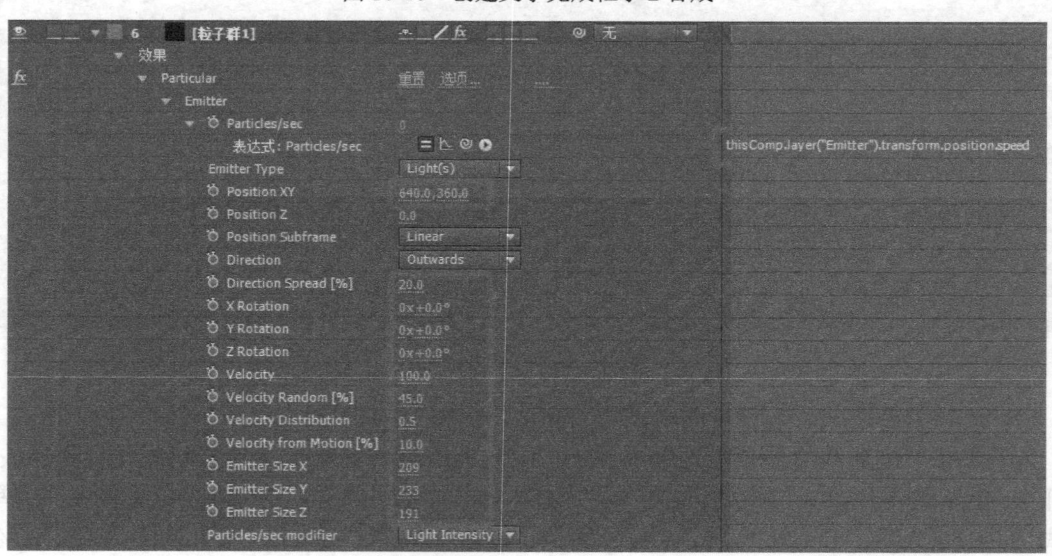


图 10-47　创建粒子群 1

**【步骤 48】**创建纯色层命名为粒子群 1，添加 particular 特效，运用表达式与灯光层关联，打开 Emitter 的下拉菜单，按住键盘上的“Alt”键单击 Particles/sec 的时间变化秒表，编写表达式 thisComplayer("Emitter").transform.position.speed/50，设置 Velocity、Velocity Random[%]、Velocity Distribution、Velocity from Motion[%]、Emitter Size X、Emitter Size Y、Emitter Size Z、Particles/sec modifier、Random Seed，如图 10-49 所示。

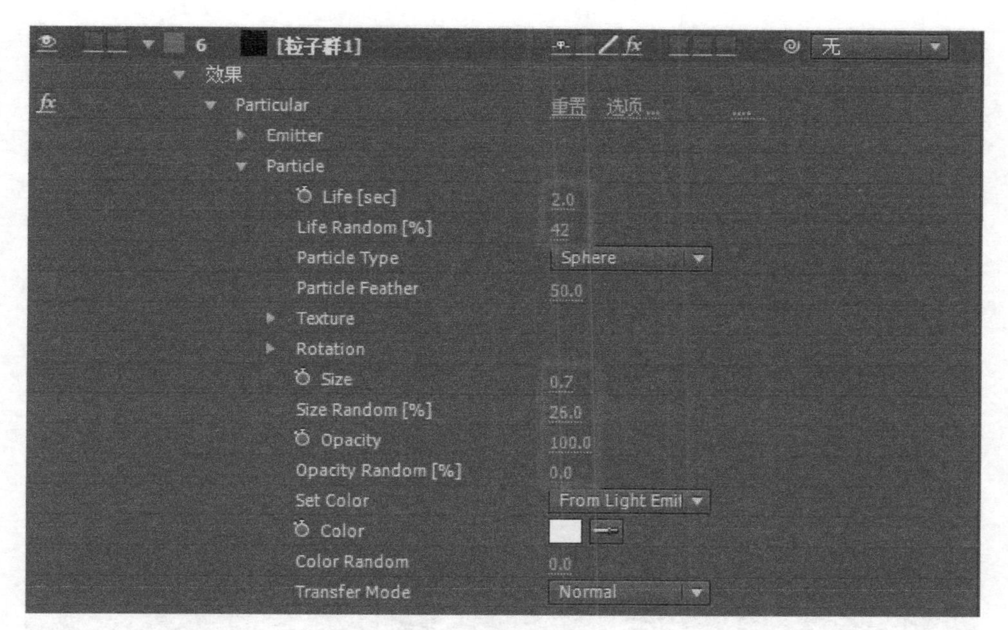


图 10-48 设置粒子群 1 参数

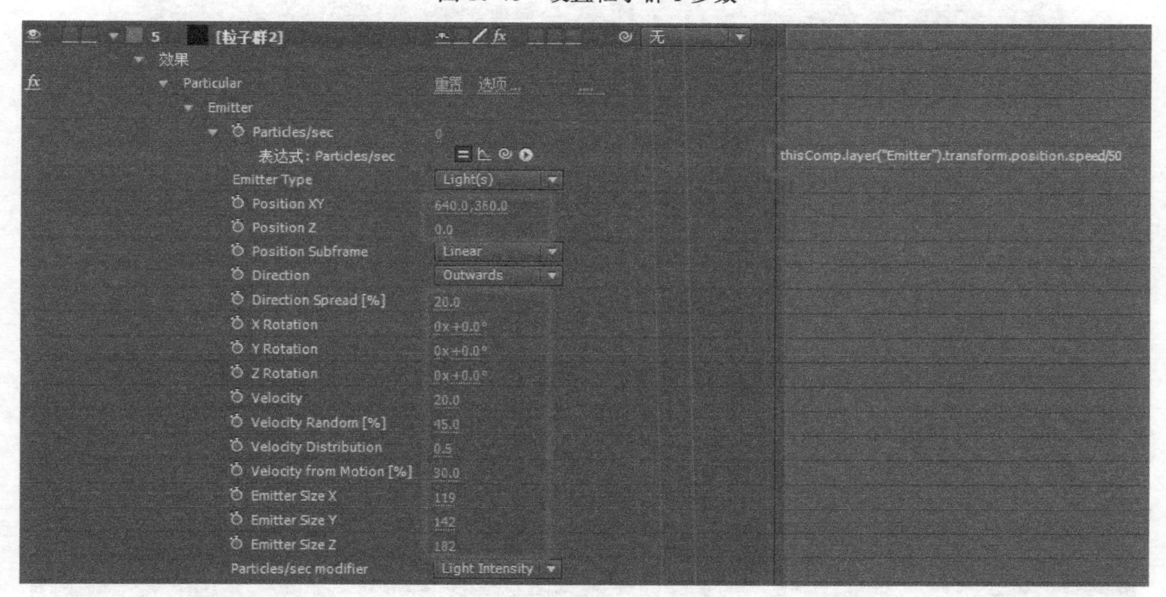


图 10-49 创建粒子群 2

**【步骤 49】**将粒子替换为星。设置 Particle 下的 Life[sec]、Life Random[%]，Texture 下 Layer 指定为星，设置 Random Seed、Number of Clips，设置 Rotation 下的 Size、Size Rotation[%]，Set Color，如图 10-50 所示。

**【步骤 50】**创建纯色层命名为大星，添加 Particular 特效，运用表达式与灯光层关联，打开 Emitter 的下拉菜单，按住键盘上的“Alt”键单击 Particles/sec 的时间变化秒表，编写表达式 thisComplayer("Emitter").transform.position.speed/10，设置 Velocity、Velocity Random[%]、Velocity Distribution、Velocity from Motion[%]、Emitter Size X、Emitter Size Y、Emitter Size Z、Particles/sec modifier、Random Seed，如图 10-51 所示。

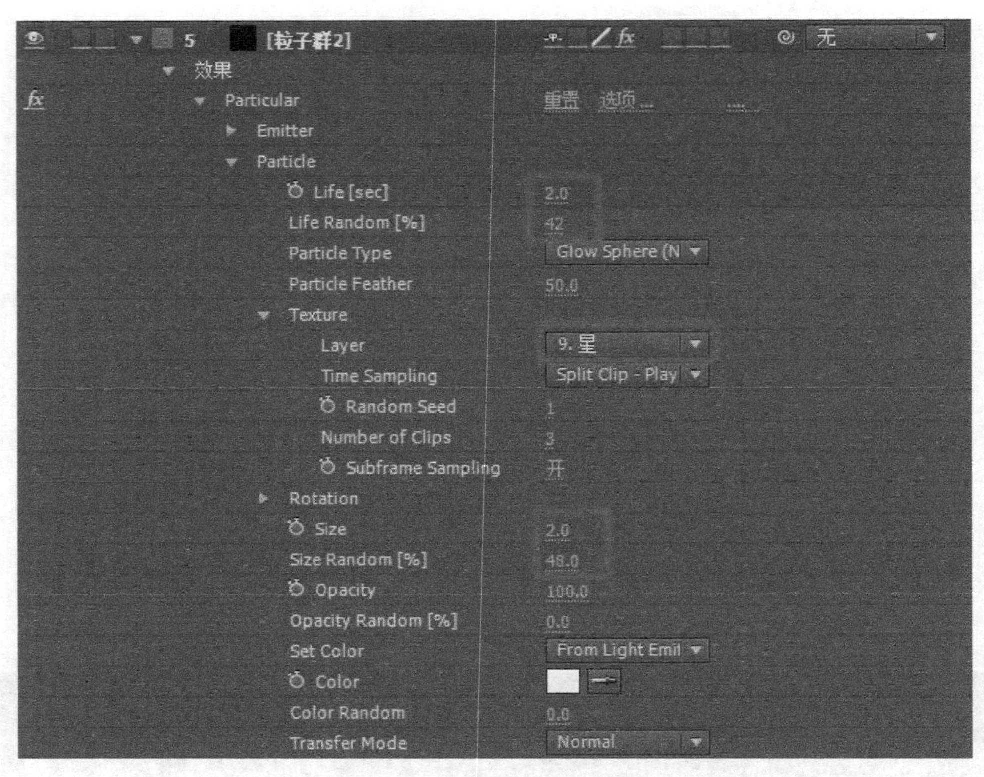


图 10-50　设置粒子群 2 参数

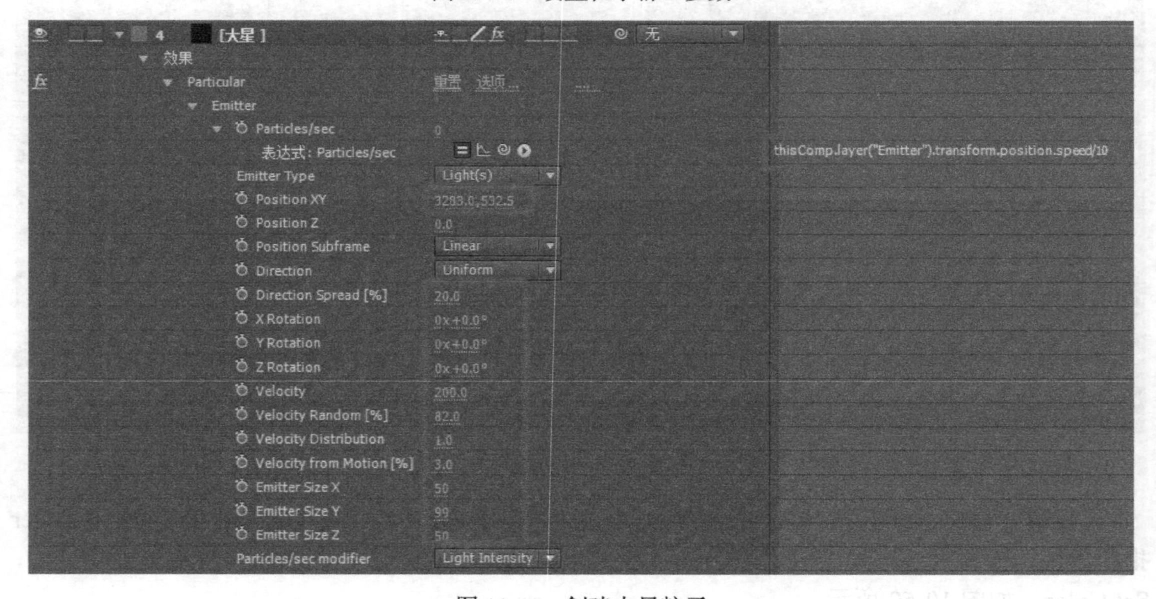


图 10-51　创建大星粒子

【步骤 51】将粒子替换为星。设置 Particle 下的 Life[sec]、Life Random[%]、Particle Feather，Texture 下 Layer 指定为星，设置 Random Seed、Number of Clips，设置 Rotation 下的 Size、Size Rotation[%]，Set Color 如图 10-52 所示。

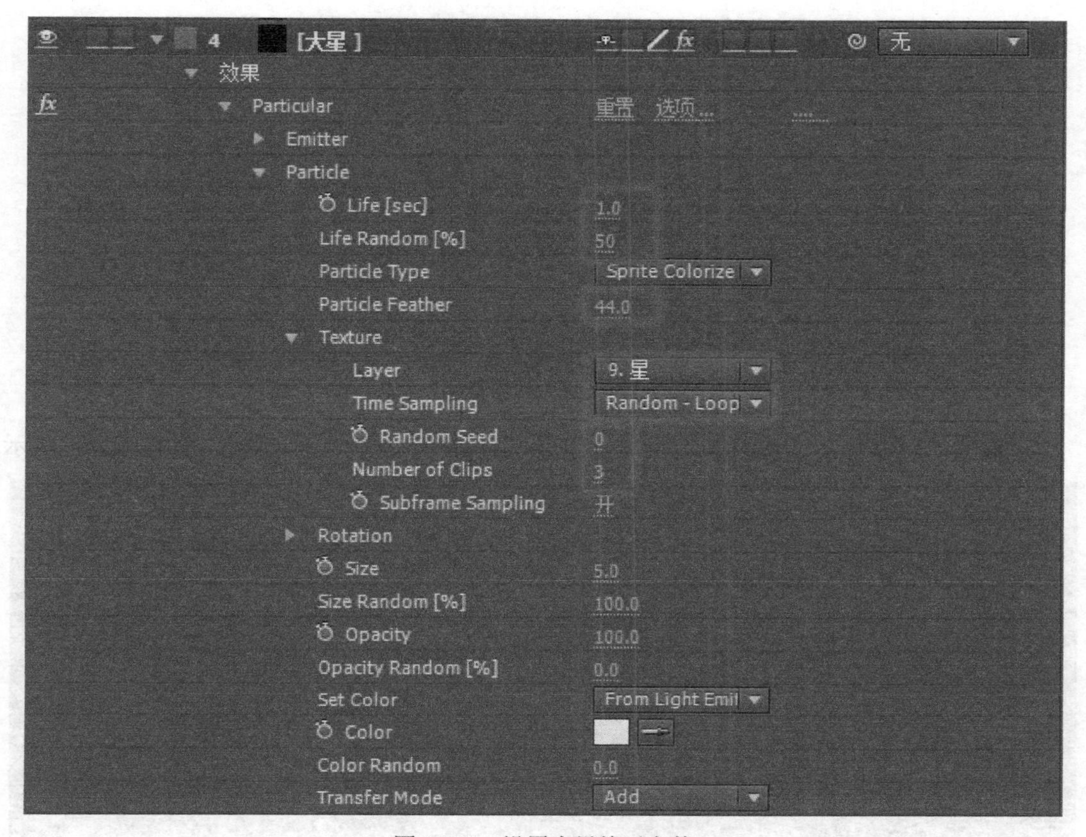


图 10-52　设置大星粒子参数

**【步骤 52】**创建摄像机，设置缩放、焦距、光圈如图 10-53 所示。

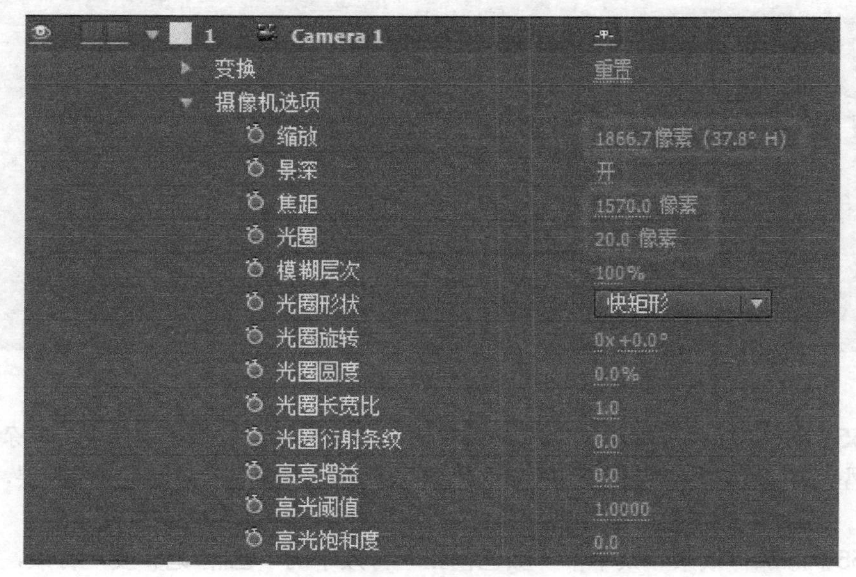


图 10-53　创建摄像机

**【步骤 53】**创建灯光设置颜色，如图 10-54 所示。

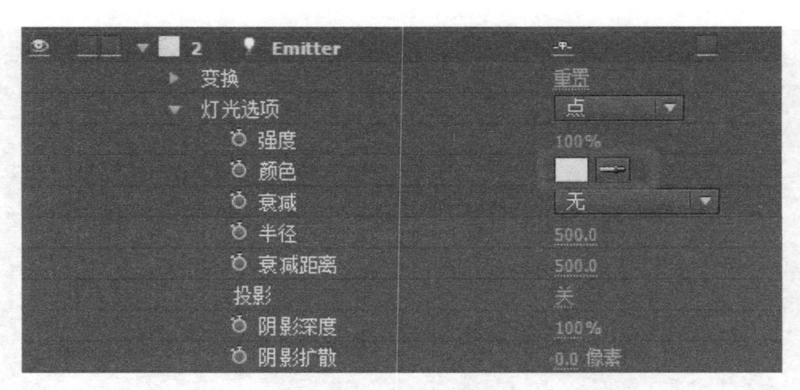


图 10-54　创建灯光

【步骤 54】创建文字设置为 3D 图层，打开运动模糊，完成粒子 3 合成，如图 10-55 所示。

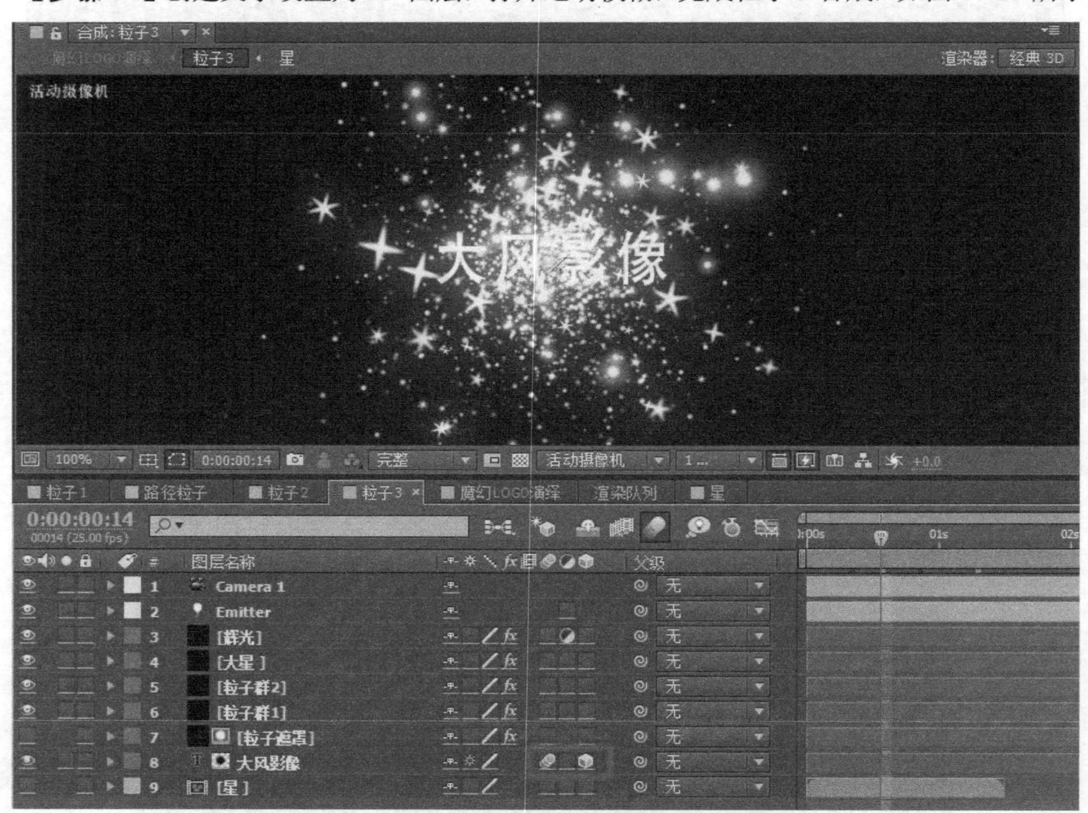


图 10-55　创建文字完成粒子 3 合成

【步骤 55】创建纯色层，添加“效果”菜单下“杂色和颗粒特效”中的“分形杂色”特效，设置分形类型、杂色类型，录制复杂度和演化动画，调节不透明度，设置为 3D 层，如图 10-56 所示。

【步骤 56】添加“效果”菜单下“颜色校正”特效中的“色相/饱和度”特效，勾选“彩色化”，调节着色色相、着色饱和度，如图 10-57 所示。

图 10-56　创建动态背景

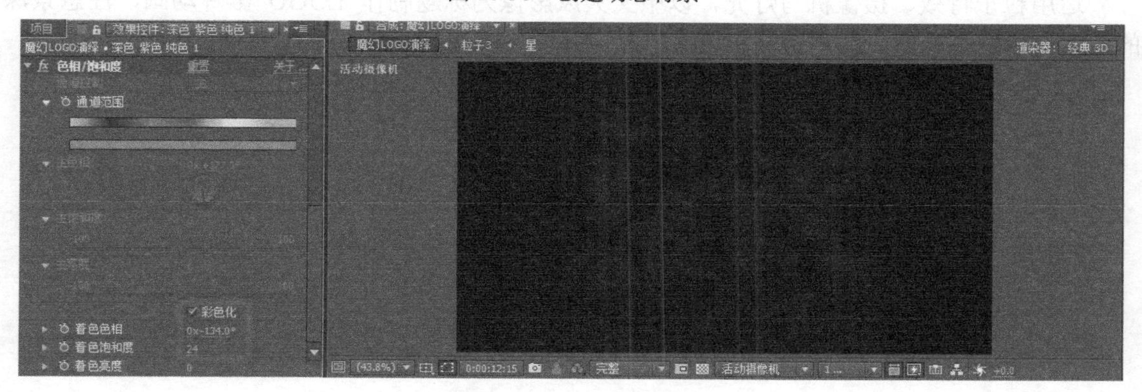


图 10-57　设置动态背景颜色

【步骤 57】将粒子 1、粒子 2、粒子 3、路径粒子、背景与音乐导入魔幻演绎合成，渲染输出如图 10-58 所示。

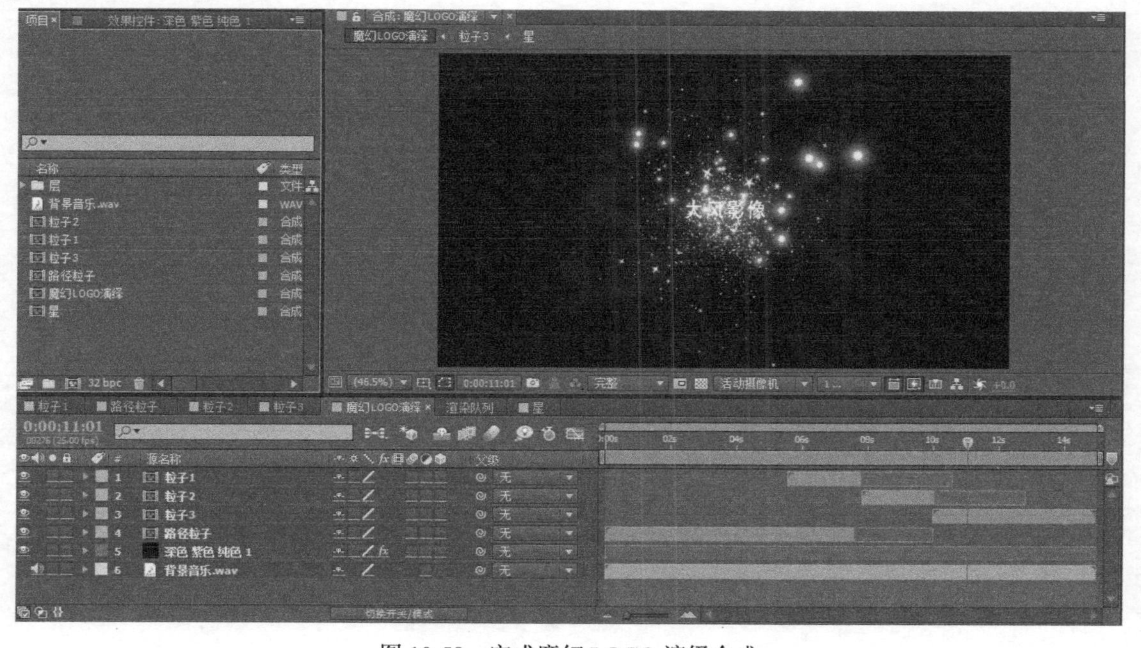


图 10-58　完成魔幻 LOGO 演绎合成

## 任务反馈

通过对粒子的创建预设置，了解粒子的使用。掌握摄像机与灯光对图层的影响与应用。3D图层的应用，使二维画面转换为三维镜头，营造景深，使影片具有空间感。

## 任务拓展

运用粒子特效、摄像机与灯光，以中文大风影像为标题制作 LOGO 影片动画，注意景深的把握，体现空间感，运用摄像机镜头转换完成分镜的组接。

# 蓝 色 炫 影

## 任务展示

图 11-1　蓝色炫影任务展示

## 任务分析

二维画面营造三维空间使影片更具表现力。粒子特效、光影特效是可以达到最佳视觉效果的有力表现手段。本任务镜头色调统一，动静结合，张弛有度，很好地诠释了动画的运动规律，为受众提供了震撼的视听饕餮盛宴，作为片头，给人留下深刻印象，起到了很好的宣传作用。

## 任务步骤

【步骤 1】创建合成命名蓝色炫影，预设为 HDV/HDTV 1080 29.97，宽度为“1920”px，高度为“1080”px，持续时间设定为 15 秒，如图 11-2 所示。

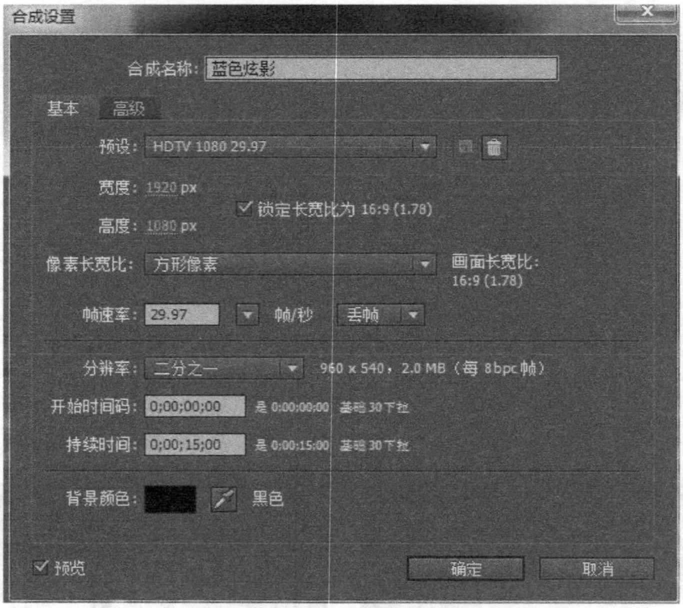

图 11-2 创建合成

【步骤 2】创建字母文本，启用逐字 3D 化，录制偏移动画设置缓动，如图 11-3 所示。

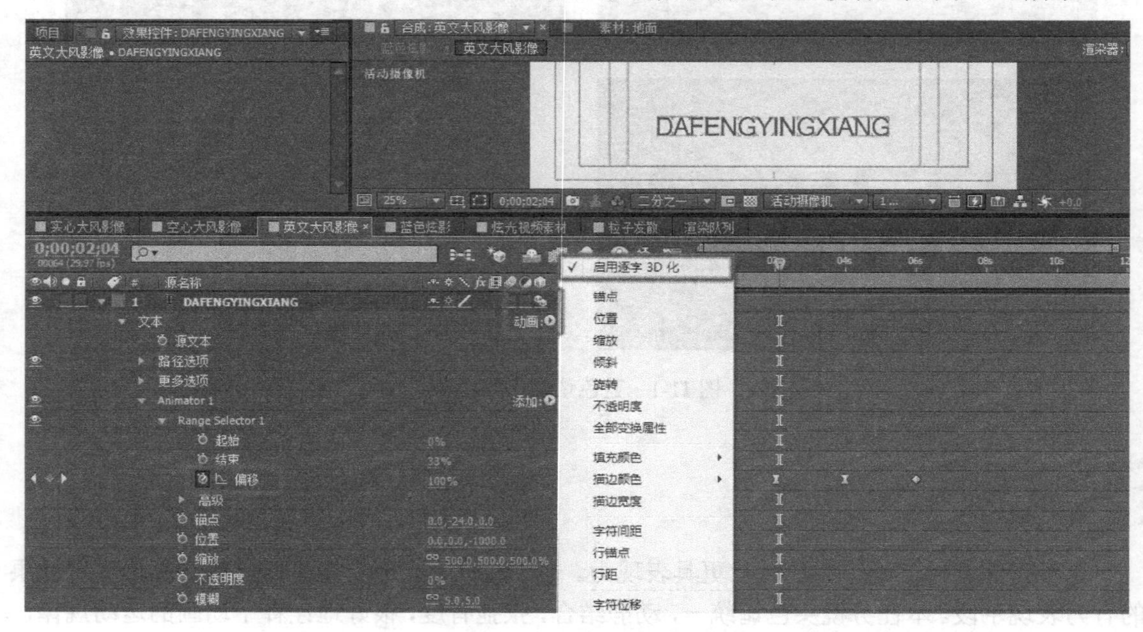


图 11-3 创建字母文本

【步骤 3】创建文本，设置字体、字号，取消填充色，设置轮廓颜色，使文本形成空心字，启用逐字 3D 化，录制偏移动画并设置缓动，如图 11-4 所示。

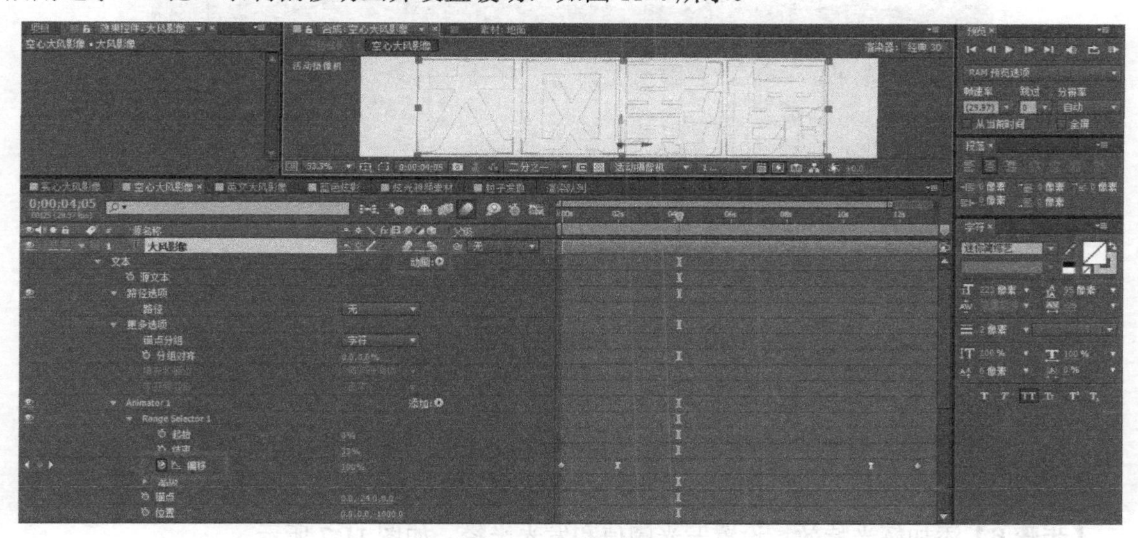


图 11-4　创建空心字

【步骤 4】创建文本，设置字体、字号、颜色，启用逐字 3D 化，录制偏移动画并设置缓动，如图 11-5 所示。

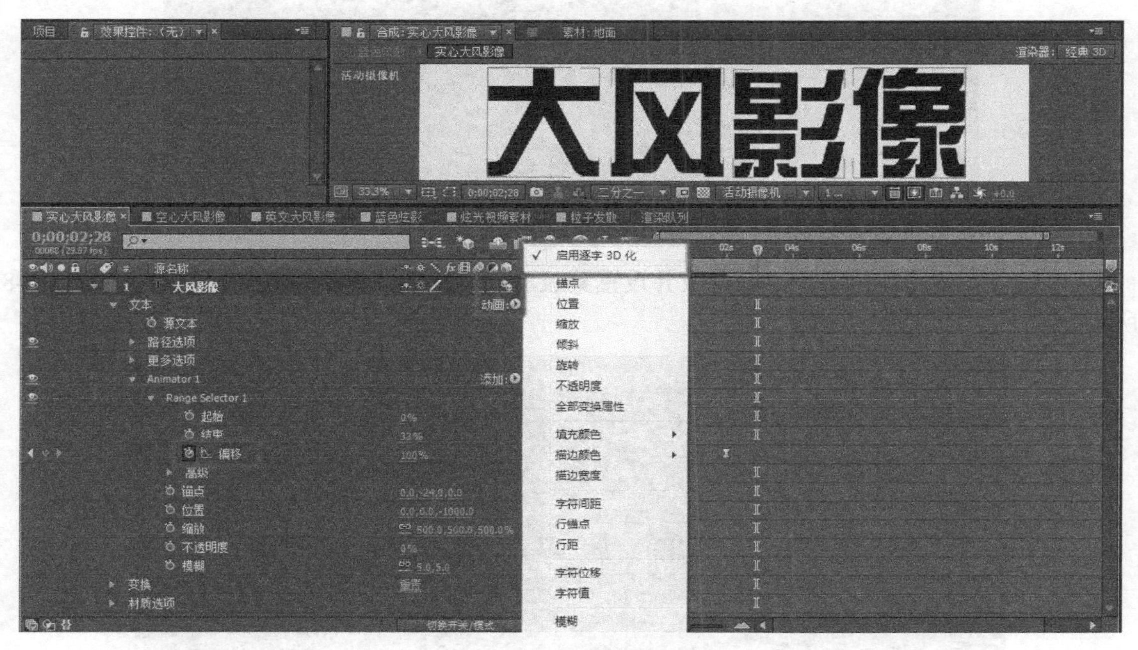


图 11-5　创建实心字

【步骤 5】创建纯色层，添加效果下粒子世界中的 CC Particle World 特效，设置 Physics 下 Animation 为 Viscouse，如图 11-6 所示。

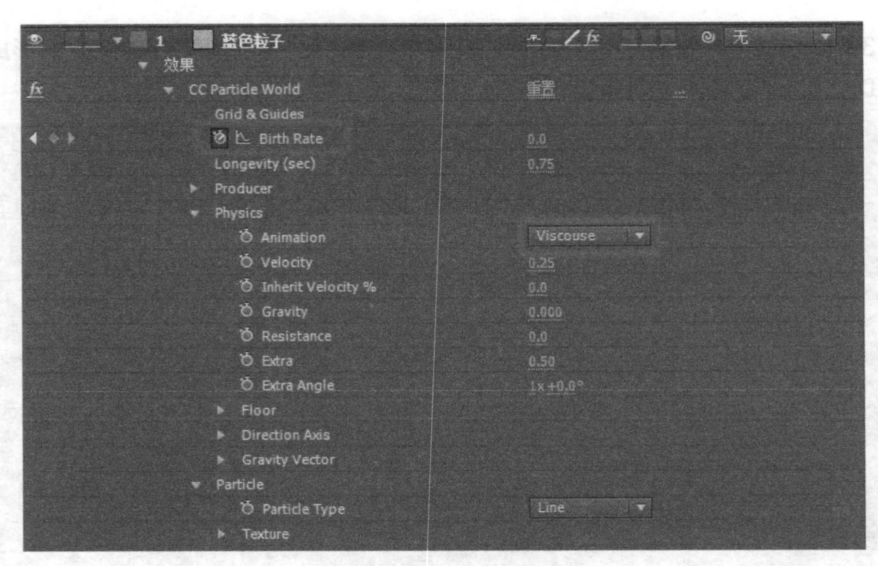


图 11-6　创建蓝色粒子

**【步骤 6】**添加辉光特效，设置发光阈值和发光半径，如图 11-7 所示。

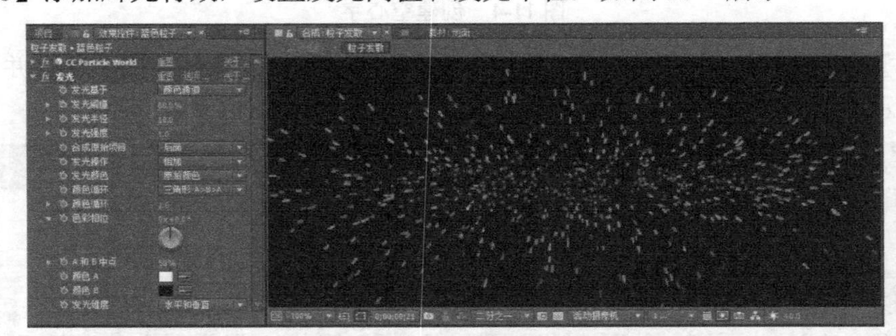

图 11-7　添加辉光特效

**【步骤 7】**创建纯色层，绘制蒙版并设置蒙版羽化，添加曲线特效制作出地面，如图 11-8 所示。

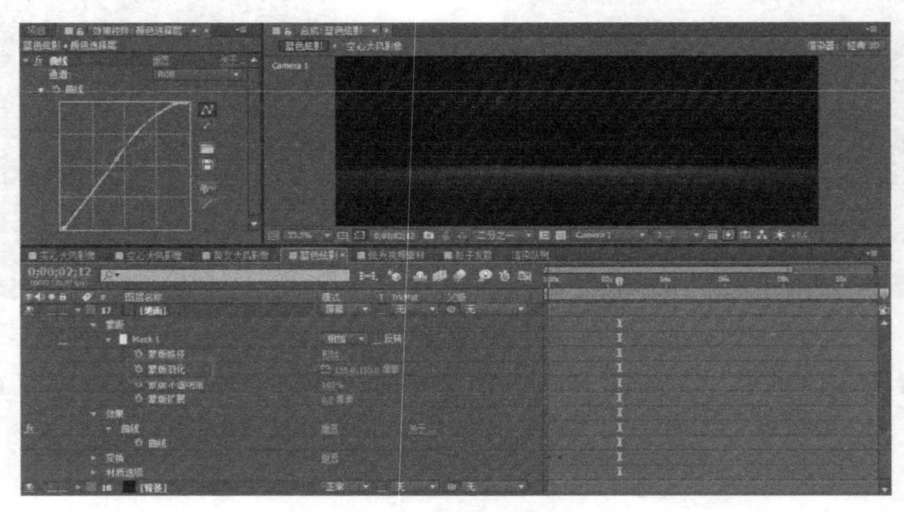

图 11-8　创建地面

【步骤 8】创建纯色层，添加曲线特效、分形杂色特效、固态层合成特效。其中分形杂色下的分形类型设置为“动态”，杂色类型设置为“柔和线性”，为演化添加表达式 time*30，如图 11-9 所示。

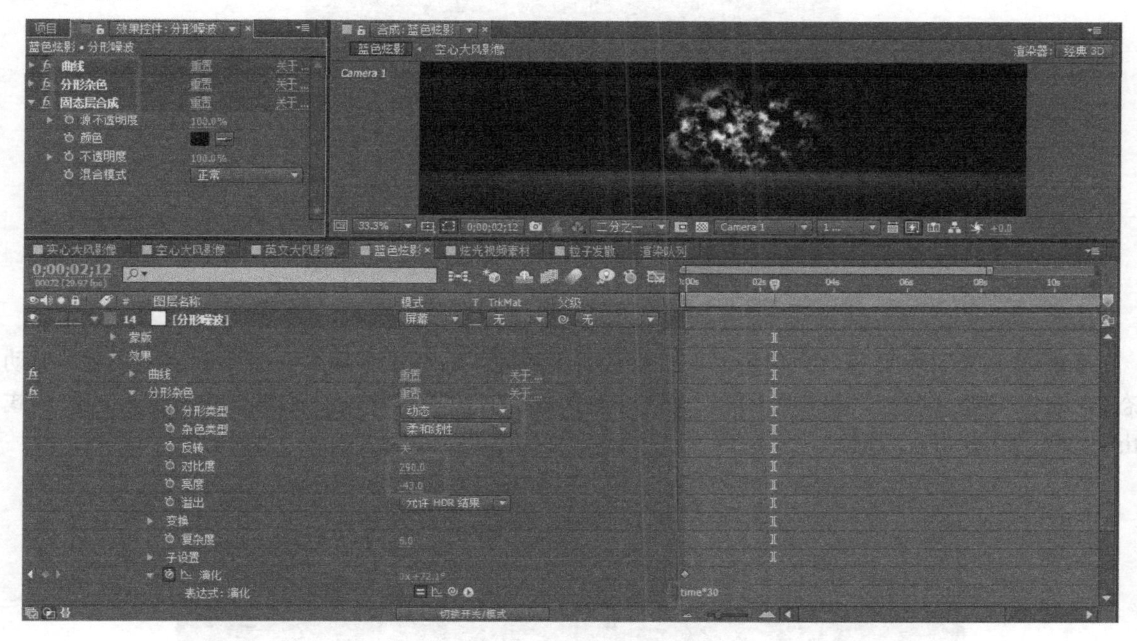


图 11-9　创建分形噪波

【步骤 9】再创建一个纯色层，添加分形杂色特效，调节分形杂色的亮度、对比度、溢出，为演化添加表达式 time*30，如图 11-10 所示。

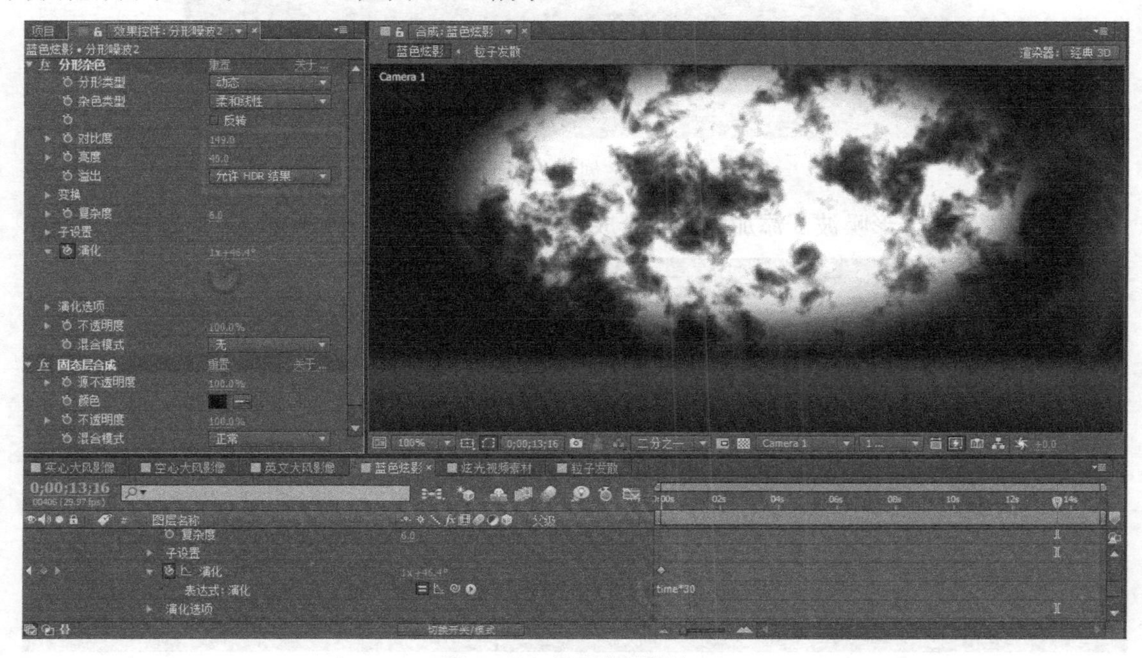


图 11-10　创建分形噪波 2

【步骤 10】为分形噪波 2 添加曲线特效，通道设置为 RGB，如图 11-11 所示。

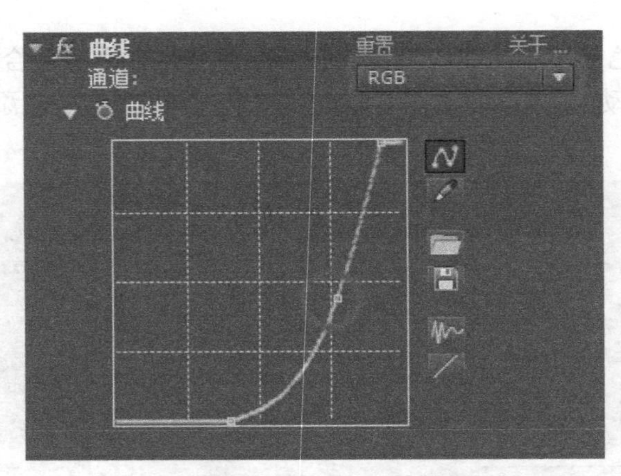


图 11-11　为分形噪波 2 添加曲线特效

【步骤 11】创建第三个纯色层，添加分形杂色特效。其中分形杂色下的分形类型设置为“动态”，杂色类型设置为“柔和线性”，调节分形杂色的亮度、对比度、溢出，为演化添加表达式 time*30，如图 11-12 所示。

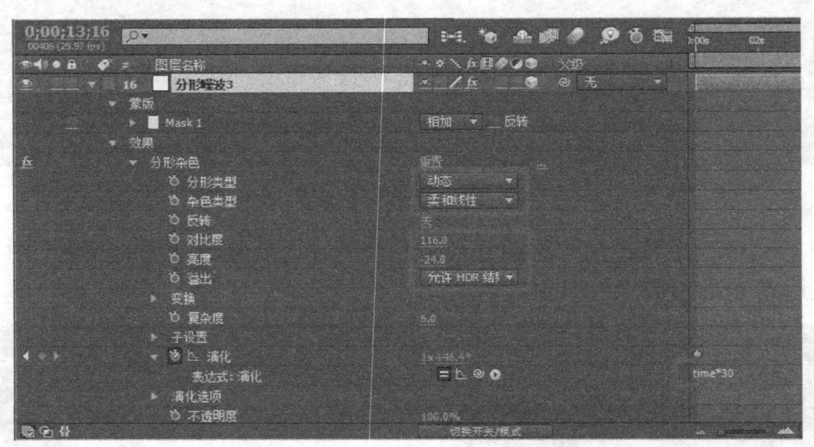


图 11-12　创建分形噪波 3

【步骤 12】为分形噪波 3 添加固态层合成、曲线特效如图 11-13 所示。

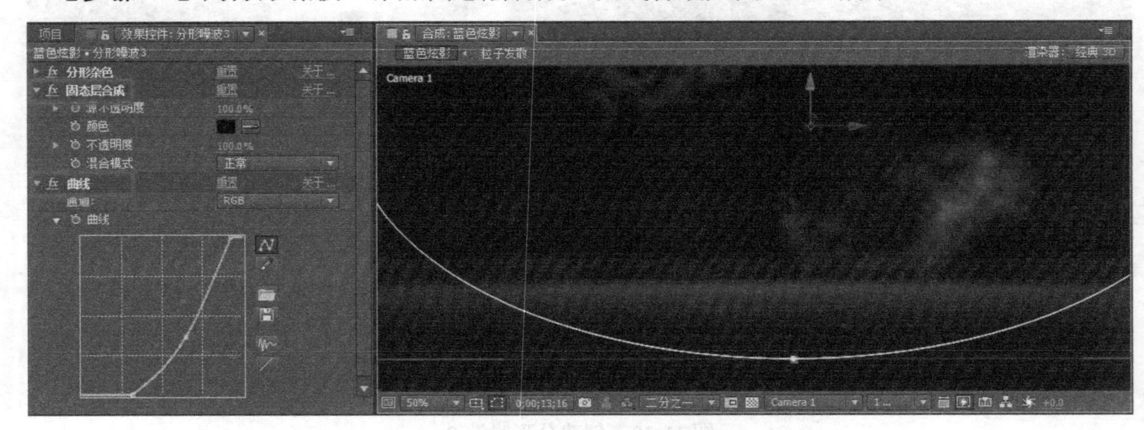


图 11-13　为分形噪波 3 添加固态层合成、曲线特效

【步骤 13】创建摄像机，为目标点添加表达式 wiggle（1，20），录制位置动画，调节缩放、景深、光圈参数，如图 11-14 所示。

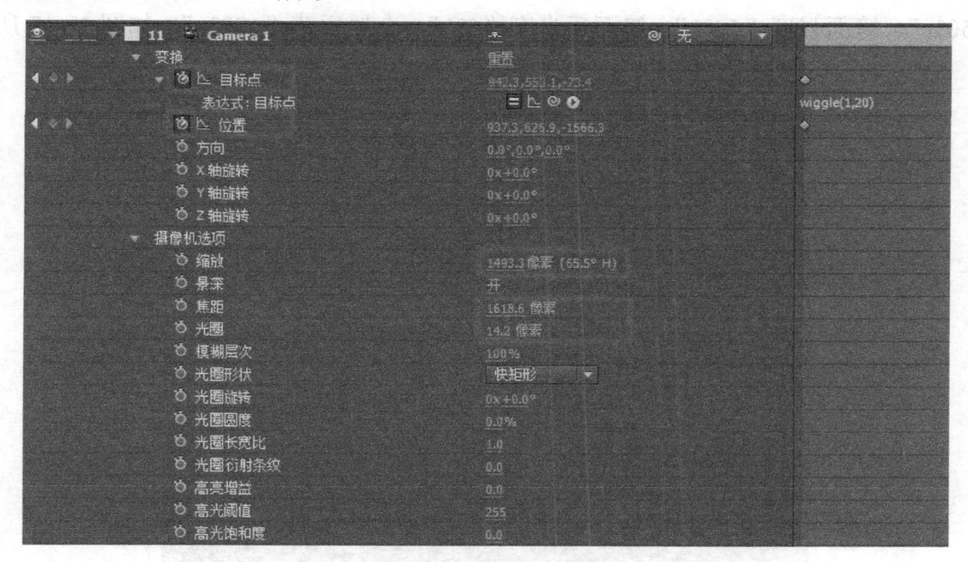


图 11-14　创建摄像机

【步骤 14】创建灯光设置强度与颜色，如图 11-15 所示。

图 11-15　创建灯光

【步骤 15】创建多个文本合成并添加特效，分别制作文本受光、反光使平面文本更具三维立体感，创建文本合成 1 并设置关闭“投影”，“接受阴影”和“接受灯光”，如图 11-16 所示。

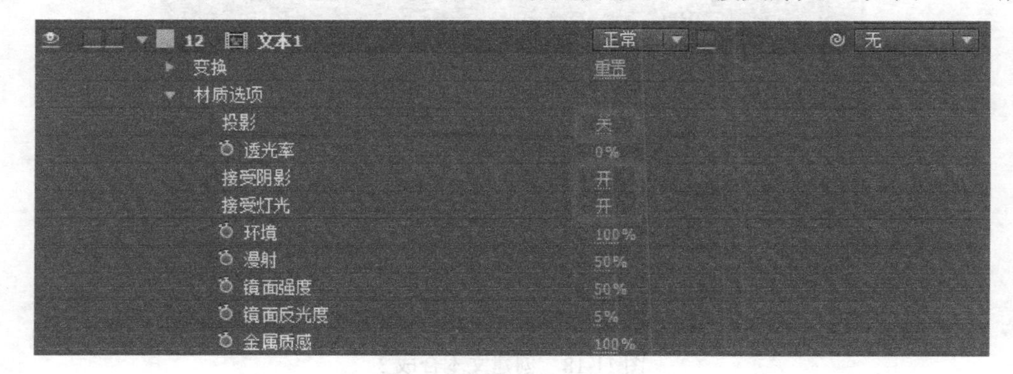


图 11-16　创建文本合成 1

【步骤 16】创建文本合成 2，添加斜面 Alpha 特效，设置灯光颜色、灯光角度、灯光强度、边缘厚度，打开“投影”选项，透光率为“0”，关闭“接受灯光”与“接受阴影”，环境“100%”，漫射“50%”，镜面强度“50%”，镜面反光度“5%”，金属质感“100%”，如图 11-17 所示。

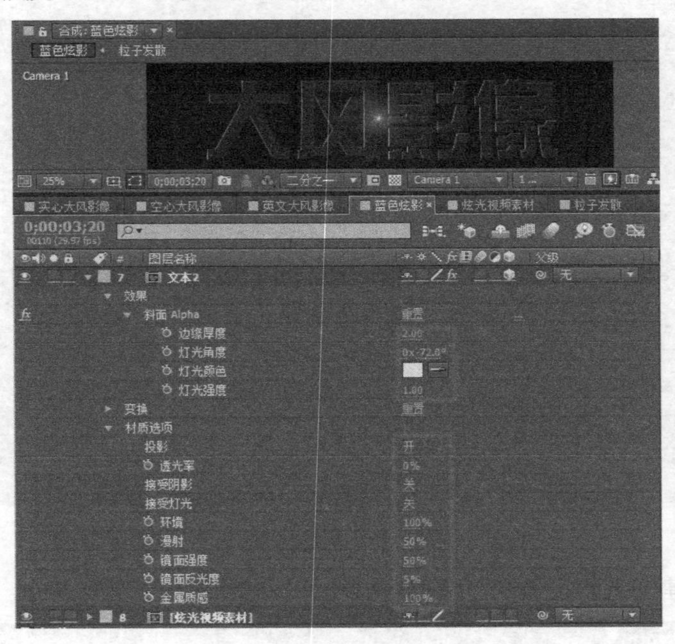

图 11-17　创建文本合成 2

【步骤 17】创建文本合成 3，添加斜面 Alpha 特效，设置灯光颜色、灯光角度、灯光强度、边缘厚度，打开“投影”选项，透光率为“0”，关闭“接受灯光”与“接受阴影”，环境“100%”，漫射“50%”，镜面强度“50%”，镜面反光度“5%”，金属质感“100%”，如图 11-18 所示。

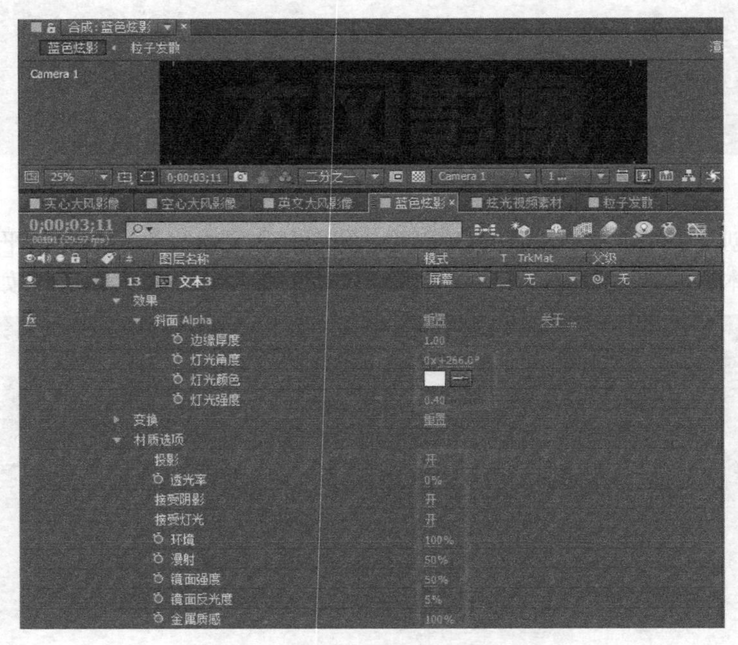

图 11-18　创建文本合成 3

【步骤 18】创建文本合成 4，添加斜面 Alpha 特效，设置灯光颜色、灯光角度、灯光强度、边缘厚度，打开“投影”选项，透光率为“0”，关闭“接受灯光”与“接受阴影”，环境“100%”，漫射“50%”，镜面强度“50%”，镜面反光度“5%”，金属质感“100%”，如图 11-19 所示。

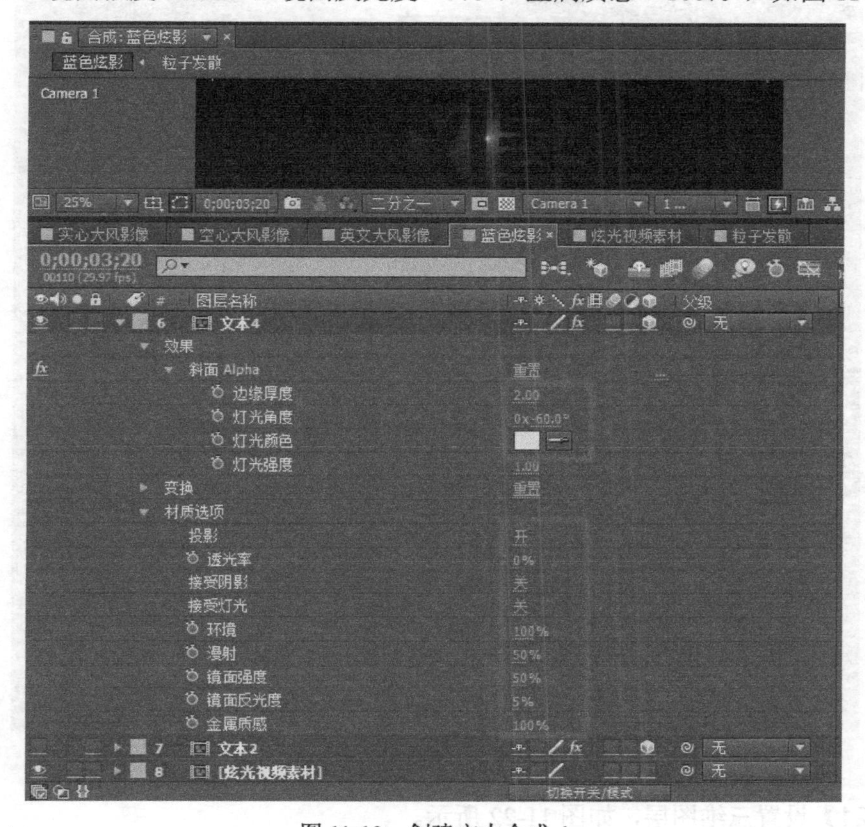

图 11-19　创建文本合成 4

【步骤 19】创建调节图层，添加 CC Radial Fast Blur 特效，为 Center 添加表达式 thisComp.layer("point").toComp([0,0,0])，如图 11-20 所示。

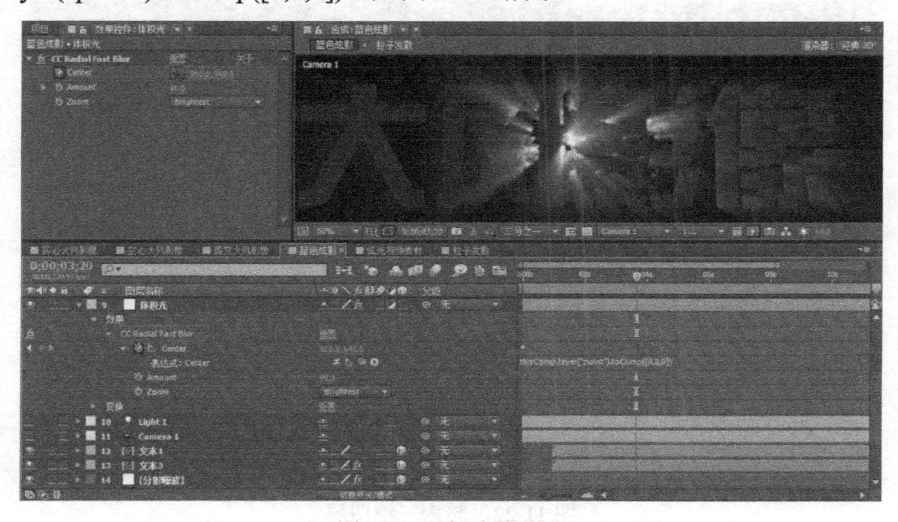
图 11-20　创建体积光

【步骤 20】导入音乐素材，设置图层模式、图层顺序，如图 11-21 所示。

图 11-21　调整图层模式

【步骤 21】设置三维图层，如图 11-22 所示。

图 11-22　转为三维图层

## 任务反馈

本任务主要应用了辉光特效、曲线特效、分形噪波特效、CC Radial Fast Blur 特效等，都是软件自身的特效，没有运用第三方插件。制作炫酷效果并不一定依赖于插件，只要用心思考，就可以巧妙地实现预期效果。

## 任务拓展

制作暖色调的炫酷片头，运用 CC Radial Fast Blur 特效、辉光特效、曲线特效、分形噪波特效以及图层的模式转换，达到震撼的视听效果。

# 水 墨 传 奇

## 任务展示

图 12-1　水墨传奇任务展示

## 任务分析

水墨情结是中国特色独有的风格，也是栏目包装、影视片头不可缺少的表现手段，如何应用水墨表现主题，使视觉冲击力更强，一直是影像专业人士和爱好者不断追求和探索的方向。本任务应用水墨效果展示栏目包装，运用三维摄像机机位的变换，营造出强大的景深，赋予镜头超强的层次感，含蓄的水墨晕染变得动感十足，配以民族风音乐，把传统人文与现代技术完美结合，影片大气恢弘，很好地诠释了主题。

## 任务步骤

**【步骤 1】**创建“虎娃图片 1”合成，设置预设为“自定义”，宽度为“1280”px，高度为“931”px，持续时间 35 秒，如图 12-2 所示。

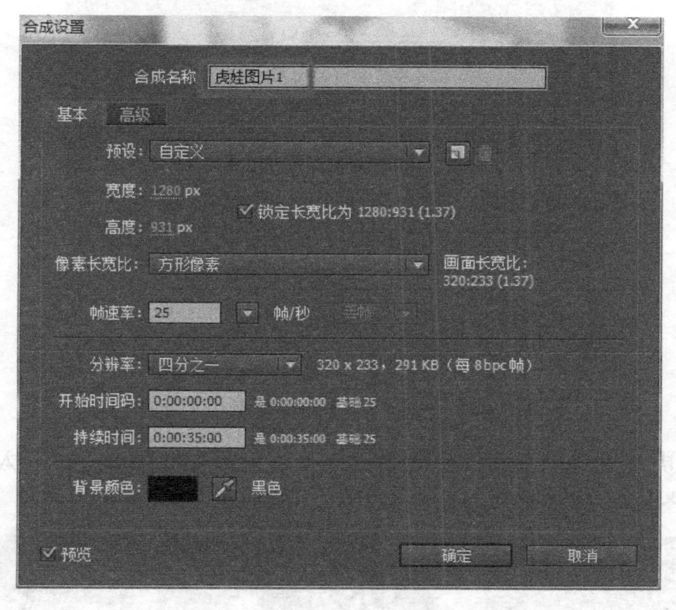


图 12-2　创建“虎娃图片 1”合成

**【步骤 2】**在“虎娃图片 1”合成中创建白色纯色层，导入虎娃图片，录制缩放动画，如图 12-3 所示。

图 12-3　制作“虎娃图片 1”合成

【步骤 3】创建"虎娃画面背景 1"合成，自定义宽度为"1920" px，高度为"1080" px，持续时间为 12 秒，如图 12-4 所示。

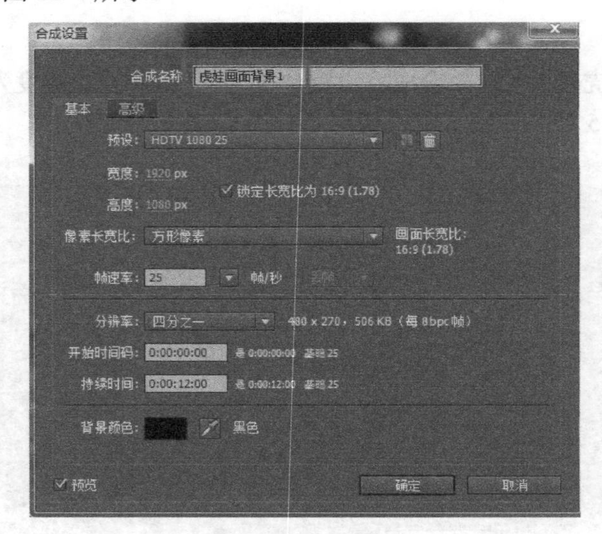


图 12-4　创建"虎娃画面背景 1"合成

【步骤 4】在"虎娃画面背景 1"合成中导入"虎娃画面 1"合成，导入水墨视频素材，更改虎娃画面 1 合成图层蒙版模式为 L.Inv，如图 12-5 所示。

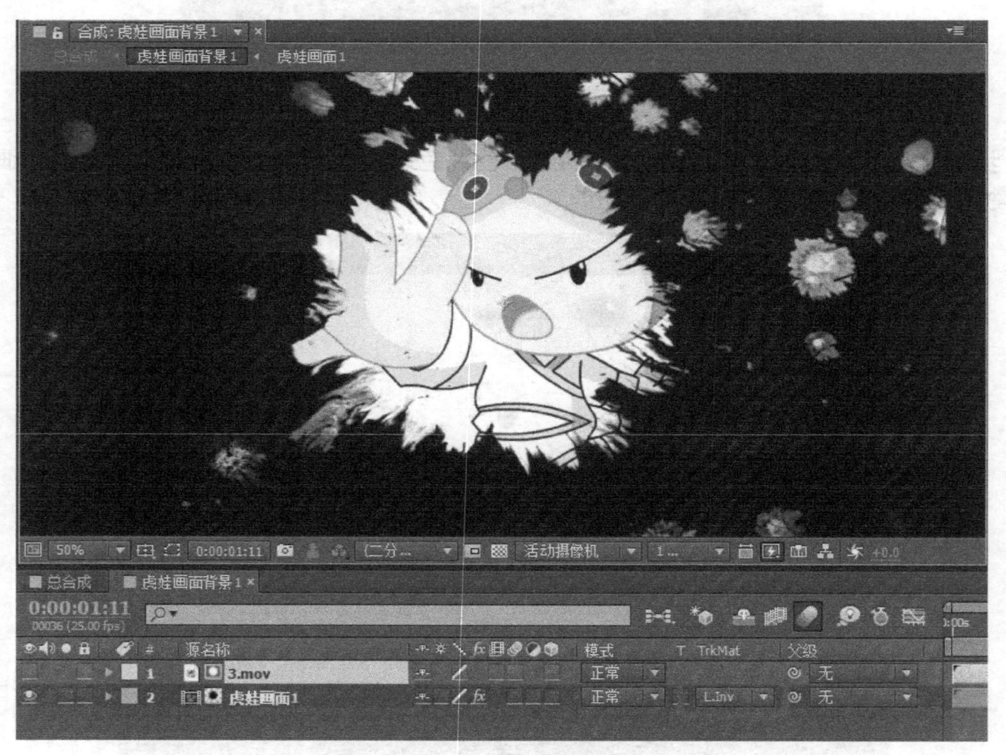


图 12-5　制作"虎娃画面背景 1"合成

【步骤 5】新建合成命名为"魅力动漫给你好看"，自定义宽度为"1000" px，高度为"300" px，持续时间为 10 秒，如图 12-6 所示。

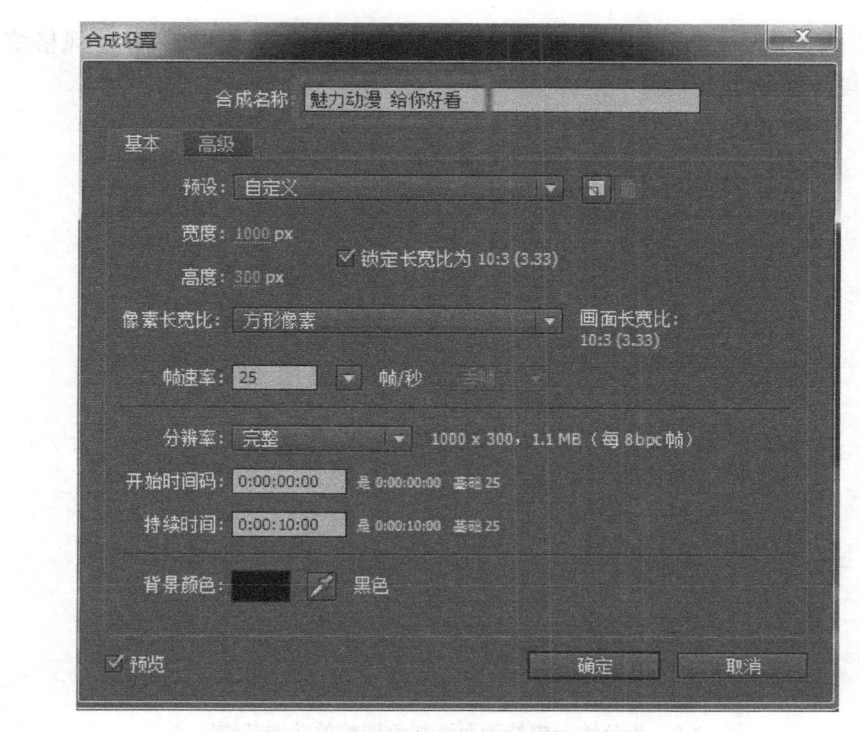


图 12-6　创建“魅力动漫文字”合成

【步骤 6】将“魅力动漫给你好看”文字合成导入“虎娃文字 1”合成，导入水墨视频素材，更改“魅力动漫给你好看”合成图层蒙版模式为 L.Inv，如图 12-7 所示。

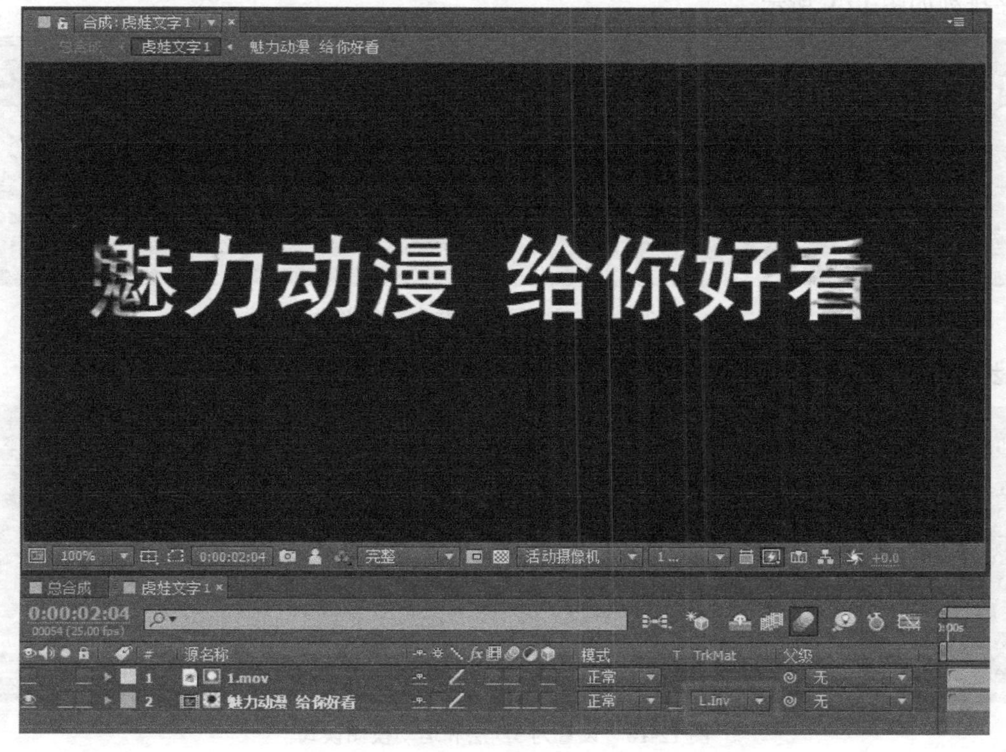


图 12-7　制作“虎娃文字 1”合成

【步骤 7】为分镜一虎娃画面添加色调特效，为图片去色与整体影片水墨风格统一，调节透明度并在结尾处录制淡出动画，如图 12-8 所示。

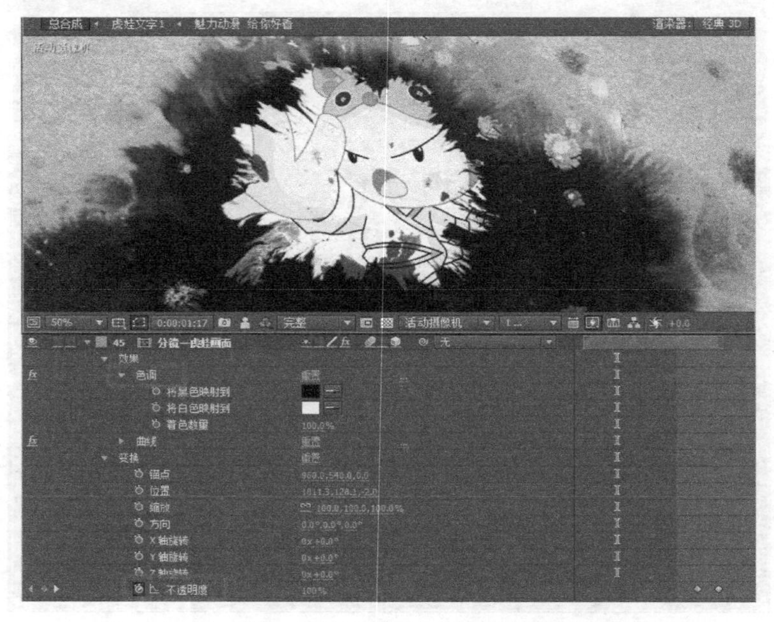


图 12-8　为分镜一虎娃画面添加色调特效并调节透明度

【步骤 8】拖曳曲线将水墨素材 1 的父级层指定为“分镜一虎娃文字”，水墨素材 13、10、8 的父级层指定为“分镜一虎娃画面”，设置水墨视频素材图层模式为“相乘”，分镜一所有图层顺序排列如图 12-9 所示。

| # | 图层名称 | 模式 | TrkMat | 父级 |
|---|---|---|---|---|
| 43 | 分镜一虎娃文字 | 正常 | 无 | 无 |
| 44 | [1.mov] | 相乘 | 无 | 43. 分镜一虎娃文字 |
| 45 | 分镜一虎娃画面 | 正常 | 无 | 无 |
| 46 | [13.mov] | 相乘 | 无 | 45. 分镜一虎娃画面 |
| 47 | [10.mov] | 相乘 | 无 | 45. 分镜一虎娃画面 |
| 48 | [8.mov] | 相乘 | 无 | 45. 分镜一虎娃画面 |
| 49 | [8.mov] | 相乘 | 无 | 45. 分镜一虎娃画面 |
| 50 | [Paper.jpg] | 正常 | 无 | 无 |

图 12-9　设置图层模式并指定父级层

【步骤 9】为分镜一所有图层设置 3D 层和运动模糊，如图 12-10 所示。

总合成 ×　0:00:03:01　00076 (25.00 fps)

| # | 图层名称 | 父级 |
|---|---|---|
| 43 | 分镜一虎娃文字 | 无 |
| 44 | [1.mov] | 43. 分镜一虎娃文字 |
| 45 | 分镜一虎娃画面 | 无 |
| 46 | [13.mov] | 45. 分镜一虎娃画面 |
| 47 | [10.mov] | 45. 分镜一虎娃画面 |
| 48 | [8.mov] | 45. 分镜一虎娃画面 |
| 49 | [8.mov] | 45. 分镜一虎娃画面 |

切换开关/模式

图 12-10　设置为 3D 层和运动模糊模式

【步骤 10】创建“虎娃图片 2”合成，自定义宽度为“1280”px，高度为“931”px，持续时间为 35 秒，如图 12-11 所示。

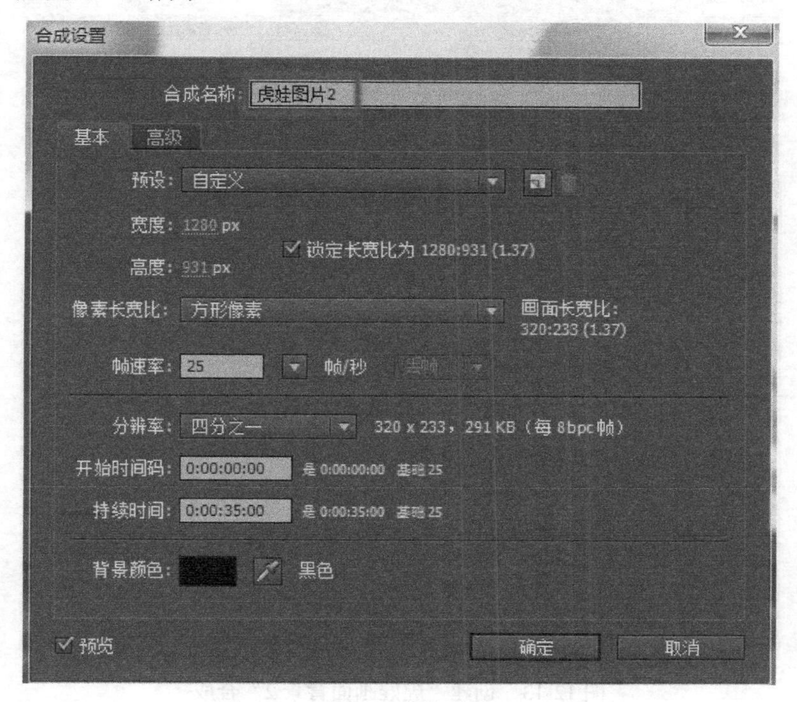


图 12-11　创建“虎娃图片 2”合成

【步骤 11】在“虎娃图片 2”合成中创建白色纯色层，导入虎娃图片，录制缩放动画，如图 12-12 所示。

图 12-12　制作“虎娃图片 2”合成

【步骤 12】创建“虎娃画面背景 2”合成，自定义宽度为“1920”px，高度为“1080”px，持续时间为 12 秒 22，如图 12-13 所示。

合成设置
合成名称 虎娃画面背景 2
基本 高级
预设：HDTV 1080 25
宽度：1920 px
高度：1080 px
锁定长宽比为 16:9 (1.78)
像素长宽比：方形像素
画面长宽比：16:9 (1.78)
帧速率：25 帧/秒
分辨率：四分之一 480 x 270，506 KB（每 8bpc 帧）
开始时间码：0:00:00:00 是 0:00:00:00 基础 25
持续时间：0:00:12:22 是 0:00:12:22 基础 25
背景颜色：黑色
预览 确定 取消

图 12-13　创建“虎娃画面背景 2”合成

**【步骤 13】**在“虎娃画面背景 2”合成中导入“虎娃图片 2”合成，导入水墨视频素材，更改虎娃图片 2 合成图层蒙版模式为 L.Inv，如图 12-14 所示。

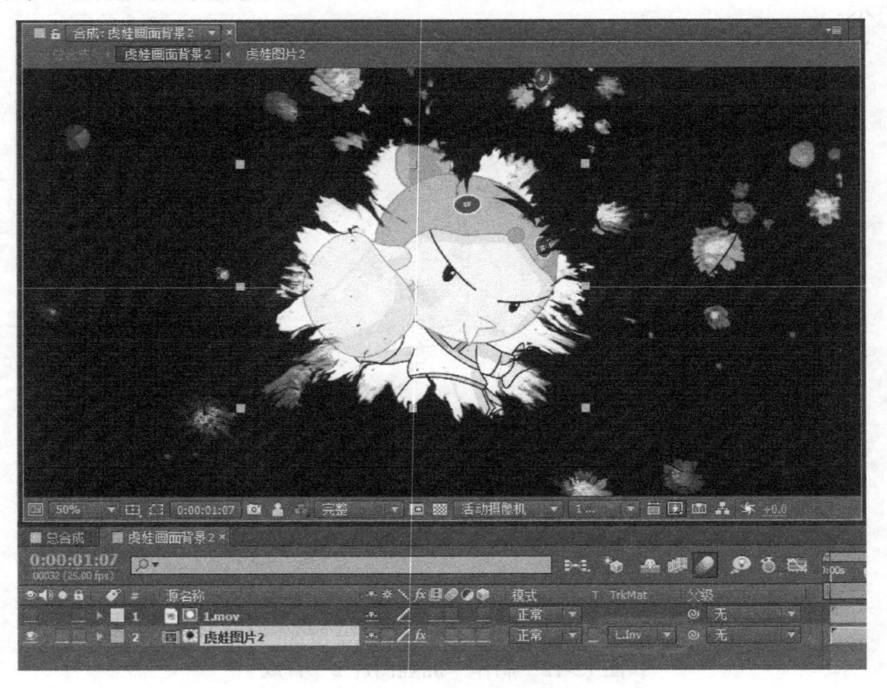


图 12-14　制作“虎娃画面背景 2”合成

【步骤 14】新建合成命名“虎娃传奇”，自定义尺寸宽度为“1000” px，高度为“300” px，持续时间为 10 秒，如图 12-15 所示。

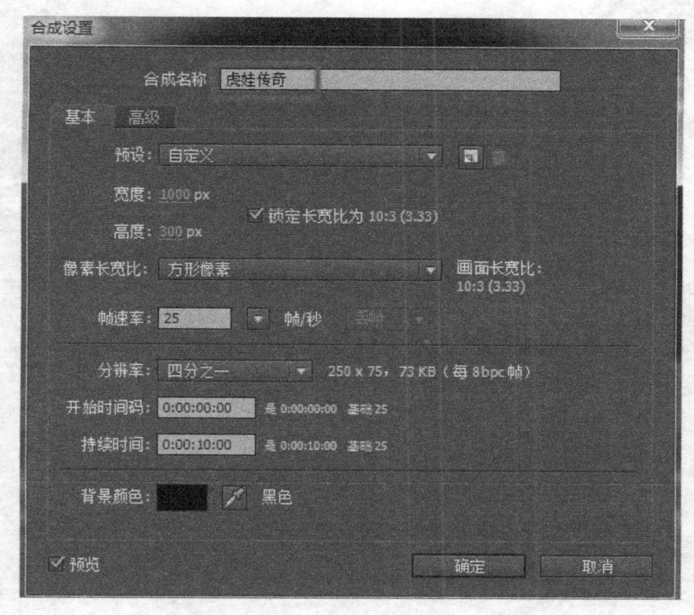


图 12-15 创建“虎娃传奇”文字合成

【步骤 15】将“虎娃传奇”文字合成导入“虎娃文字 2”合成，导入水墨视频素材，更改虎娃传奇合成图层蒙版模式为 L.Inv，如图 12-16 所示。

图 12-16 制作“虎娃文字 2”合成

【步骤 16】为“分镜二虎娃画面”添加色调特效，为图片去色与整体影片水墨风格统一，调节透明度并在结尾处录制淡出动画，如图 12-17 所示。

图 12-17　为“分镜二虎娃画面”添加色调特效并调节透明度

【步骤 17】拖曳曲线将水墨素材 11 的父级层指定为“分镜二虎娃文字”，水墨素材 13、5、4 的父级层指定为“分镜二虎娃画面”，设置水墨视频素材图层模式为“相乘”，分镜一所有图层顺序排列如图 12-18 所示。

| # | 图层名称 | 模式 | TrkMat | 父级 |
| --- | --- | --- | --- | --- |
| 37 | 分镜二虎娃文字 | 正常 | 无 | 无 |
| 38 | [11.mov] | 相乘 | 无 | 37. 分镜二虎娃文字 |
| 39 | 分镜二虎娃画面 | 正常 | 无 | 无 |
| 40 | [5.mov] | 相乘 | 无 | 39. 分镜二虎娃画面 |
| 41 | [4.mov] | 相乘 | 无 | 39. 分镜二虎娃画面 |
| 42 | [13.mov] | 相乘 | 无 | 39. 分镜二虎娃画面 |

图 12-18　设置图层模式并指定父级层

【步骤 18】为分镜二所有图层设置 3D 层和运动模糊，如图 12-19 所示。

| # | 图层名称 | 父级 |
| --- | --- | --- |
| 37 | 分镜二虎娃文字 | 无 |
| 38 | [11.mov] | 37. 分镜二虎娃文字 |
| 39 | 分镜二虎娃画面 | 无 |
| 40 | [5.mov] | 39. 分镜二虎娃画面 |
| 41 | [4.mov] | 39. 分镜二虎娃画面 |
| 42 | [13.mov] | 39. 分镜二虎娃画面 |

图 12-19　设置为 3D 层和运动模糊模式

【步骤 19】创建“牛娃图片 1”合成，自定义宽度为“1280”px，高度为“931”px，持续时间为 35 秒，如图 12-20 所示。

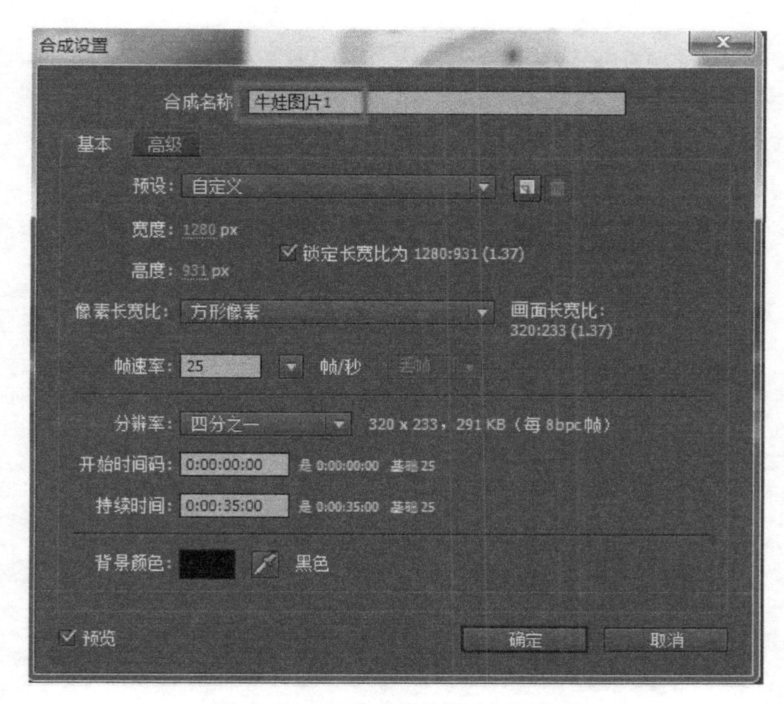


图 12-20　创建“牛娃图片 1”合成

**【步骤 202】**在“牛娃图片 1”合成中创建白色纯色层，导入牛娃图片，录制缩放动画，如图 12-21 所示。

图 12-21　制作“牛娃图片 1”合成

**【步骤 21】**创建“牛娃画面背景 1”合成，自定义宽度为“1920” px，高度“1080” px，持续时间为 12 秒 22，如图 12-22 所示。

合成设置
合成名称：牛娃画面背景1
基本　高级
预设：HDTV 1080 25
宽度：1920 px
高度：1080 px
锁定长宽比为 16:9 (1.78)
像素长宽比：方形像素　画面长宽比：16:9 (1.78)
帧速率：25　帧/秒
分辨率：四分之一　480 x 270，506 KB（每 8bpc 帧）
开始时间码：0:00:00:00　是 0:00:00:00 基础 25
持续时间：0:00:12:22　是 0:00:12:22 基础 25
背景颜色：黑色
预览　确定　取消

图 12-22　创建“牛娃画面背景 1”合成

**【步骤 22】**在“牛娃画面背景 1”合成中导入“牛娃图片 1”合成，导入水墨视频素材，更改牛娃图片 1 合成图层蒙版模式为 L.Inv，如图 12-23 所示。

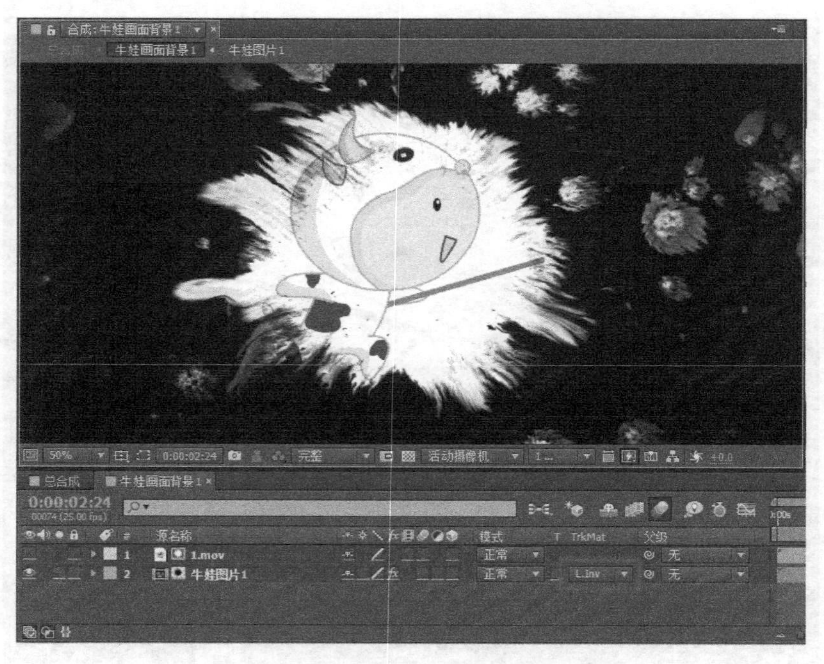


图 12-23　制作“牛娃画面背景 1”合成

**【步骤 23】**新建合成命名“牛动漫”，自定义尺寸宽度为“1000”px，高度为“300”px，持续时间为 10 秒，如图 12-24 所示。

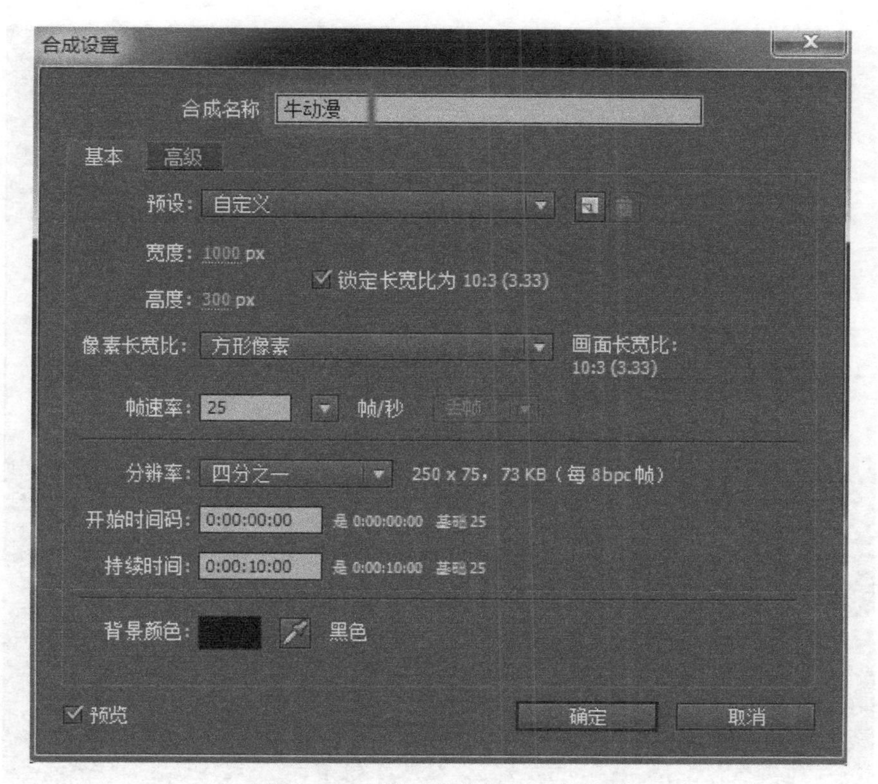


图 12-24　创建“牛动漫”文字合成

【步骤 24】将“牛动漫”文字合成导入“牛娃文字 1”合成，导入水墨视频素材，更改牛动漫合成图层蒙版模式为 L.Inv，如图 12-25 所示。

图 12-25　制作“牛娃文字 1”合成

【步骤 25】为分镜三牛娃画面添加色调特效，为图片去色与整体影片水墨风格统一，调节透明度并在结尾处录制淡出动画，如图 12-26 所示。

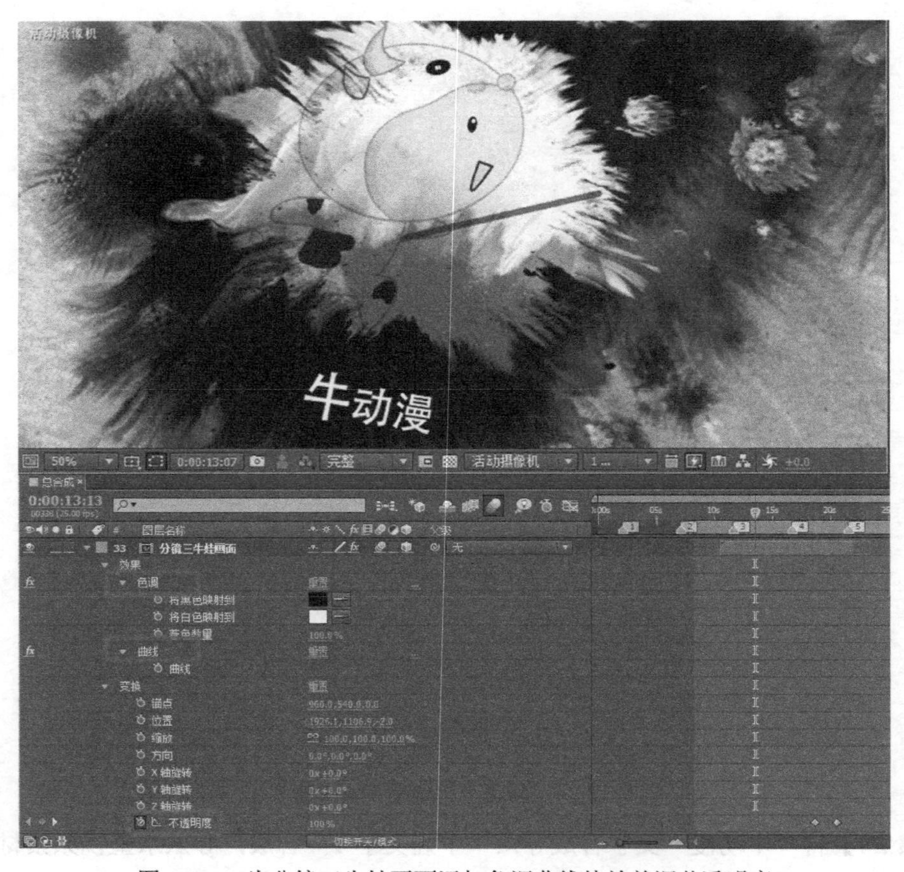


图 12-26　为分镜三牛娃画面添加色调曲线特效并调节透明度

【步骤 26】拖曳曲线将水墨素材 12 的父级层指定为“分镜三牛娃文字”，水墨素材 7、8、4 的父级层指定为“分镜三牛娃画面”，设置水墨视频素材图层模式为“相乘”，分镜三所有图层顺序排列如图 12-27 所示。

| # | 图层名称 | 模式 | TrkMat | 父级 |
|---|---|---|---|---|
| 31 | 分镜三牛娃文字 | 正常 | 无 | 无 |
| 32 | [12.mov] | 相乘 | 无 | 31. 分镜三牛娃文字 |
| 33 | 分镜三牛娃画面 | 正常 | 无 | 无 |
| 34 | [7.mov] | 相乘 | 无 | 33. 分镜三牛娃画面 |
| 35 | [8.mov] | 相乘 | 无 | 33. 分镜三牛娃画面 |
| 36 | [4.mov] | 相乘 | 无 | 33. 分镜三牛娃画面 |

图 12-27　设置图层模式并指定父级层

【步骤 27】为分镜三所有图层设置 3D 层和运动模糊，如图 12-28 所示。

| # | 图层名称 | 父级 |
|---|---|---|
| 31 | 分镜三牛娃文字 | 无 |
| 32 | [12.mov] | 31. 分镜三牛娃文字 |
| 33 | 分镜三牛娃画面 | 无 |
| 34 | [7.mov] | 33. 分镜三牛娃画面 |
| 35 | [8.mov] | 33. 分镜三牛娃画面 |
| 36 | [4.mov] | 33. 分镜三牛娃画面 |

图 12-28　设置为 3D 层和运动模糊模式

【步骤 28】创建“牛娃图片 2”合成，自定义宽度为“1280”px，高度为“931”px，持续时间为 35 秒，如图 12-29 所示。

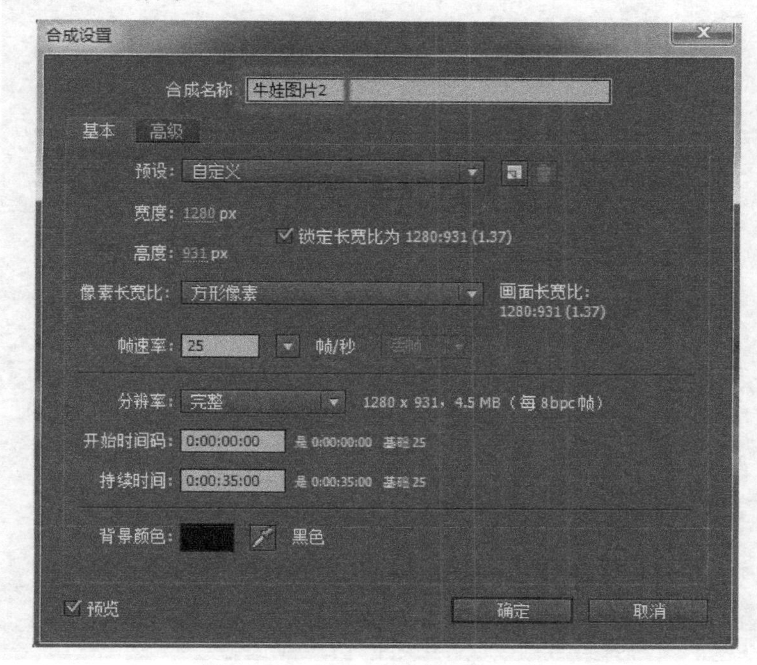


图 12-29　创建“牛娃图片 2”合成

【步骤 29】在“牛娃图片 2”合成中创建白色纯色层，导入牛娃图片，录制缩放动画，如图 12-30 所示。

图 12-30　制作“牛娃图片 2”合成

【步骤 30】创建“牛娃画面背景 2”合成，自定义宽度为“1920”px，高度为“1080”px，持续时间为 12 秒 22，如图 12-31 所示。

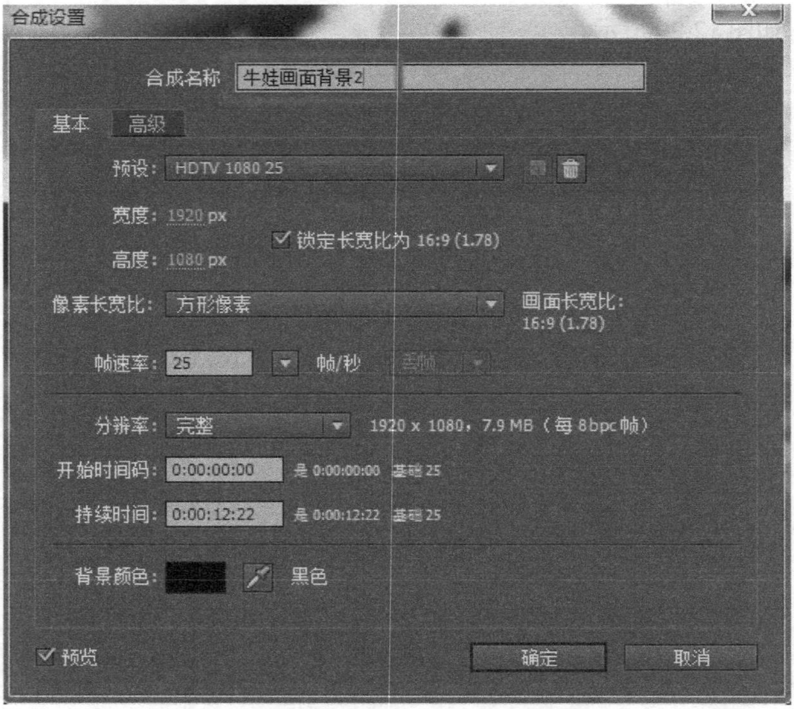

图 12-31　创建“牛娃画面背景 2”合成

**【步骤 31】** 在“牛娃画面背景 2”合成中导入“牛娃图片 2”合成，导入水墨视频素材，更改牛娃画面 2 合成图层蒙版模式为 L.Inv，如图 12-32 所示。

图 12-32　制作“牛娃画面背景 2”合成

【步骤 32】新建合成名称“牛娃传奇”，自定义宽度为“1000”px，高度为“300”px，持续时间为 10 秒，如图 12-33 所示。

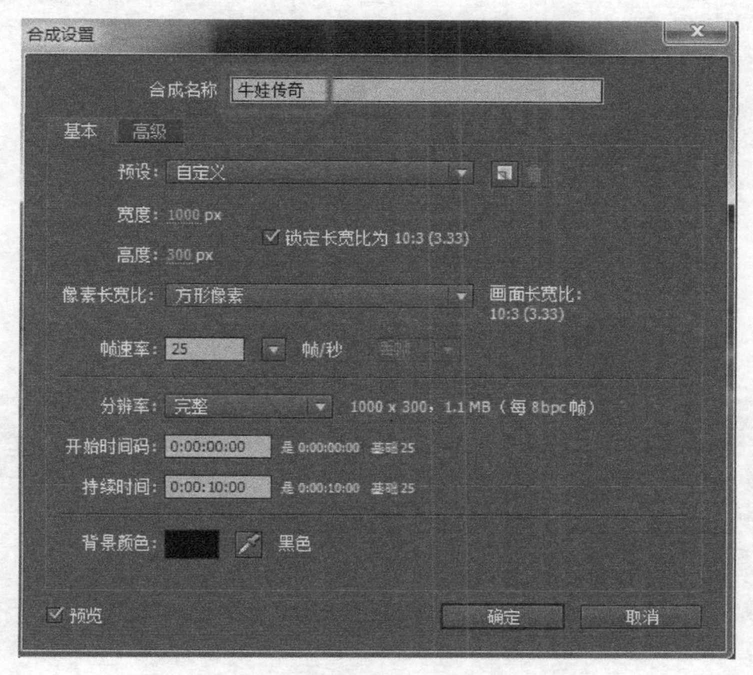


图 12-33 创建“牛娃传奇文字”合成

【步骤 33】将“牛娃传奇”合成导入“牛娃文字 2”合成，导入水墨视频素材，更改牛娃传奇合成图层蒙版模式为 L.Inv，如图 12-34 所示。

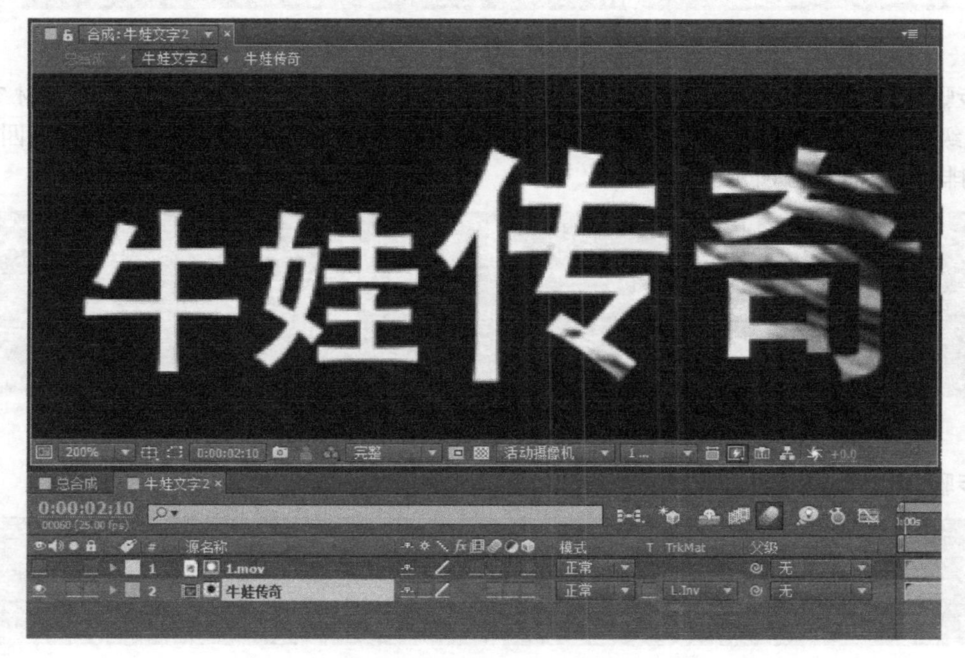


图 12-34 制作“牛娃文字 2”合成

【步骤 34】为分镜四牛娃画面添加色调特效，为图片去色与整体影片水墨风格统一，调节透明度并在结尾处录制淡出动画，如图 12-35 所示。

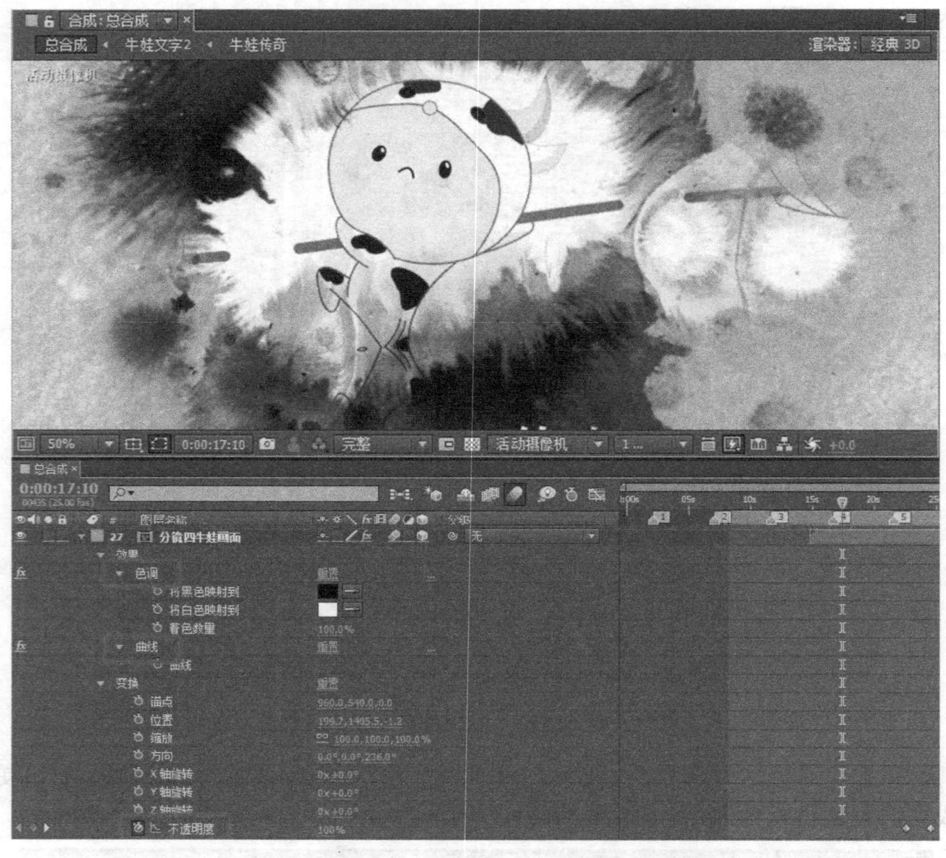


图 12-35　为分镜四牛娃画面添加色调曲线特效并调节透明度

**【步骤 35】**拖曳曲线将水墨素材 12 的父级层指定为“分镜四牛娃文字”，水墨素材 7、13、10 的父级层指定为“分镜四牛娃画面”，设置水墨视频素材图层模式为“相乘”，分镜四所有图层顺序排列如图 12-36 所示。

| # | 图层 | 模式 | TrkMat | 父级 |
|---|---|---|---|---|
| 25 | 分镜四牛娃文字 | 正常 | 无 | 无 |
| 26 | [12.mov] | 相乘 | 无 | 25. 分镜四牛娃文字 |
| 27 | 分镜四牛娃画面 | 正常 | 无 | 无 |
| 28 | [7.mov] | 相乘 | 无 | 27. 分镜四牛娃画面 |
| 29 | [13.mov] | 相乘 | 无 | 27. 分镜四牛娃画面 |
| 30 | [10.mov] | 相乘 | 无 | 27. 分镜四牛娃画面 |

图 12-36　设置图层模式并指定父级层

**【步骤 36】**为分镜四所有图层设置 3D 层和运动模糊，如图 12-37 所示。

| # | 图层 | 父级 |
|---|---|---|
| 25 | 分镜四牛娃文字 | 无 |
| 26 | [12.mov] | 25. 分镜四牛娃文字 |
| 27 | 分镜四牛娃画面 | 无 |
| 28 | [7.mov] | 27. 分镜四牛娃画面 |
| 29 | [13.mov] | 27. 分镜四牛娃画面 |
| 30 | [10.mov] | 27. 分镜四牛娃画面 |

图 12-37　设置为 3D 层和运动模糊模式

【步骤 37】创建“兔娃图片 1”合成，自定义宽度为“1280”px，高度为“931”px，持续时间为 35 秒，如图 12-38 所示。

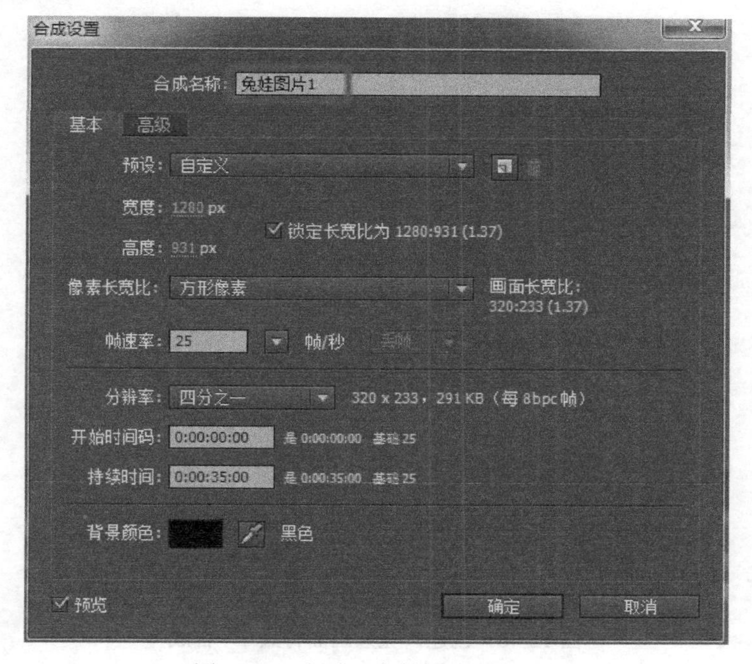


图 12-38　创建“兔娃图片 1”合成

【步骤 38】在“兔娃图片 1”合成中创建白色纯色层，导入兔娃图片，录制缩放动画，如图 12-39 所示。

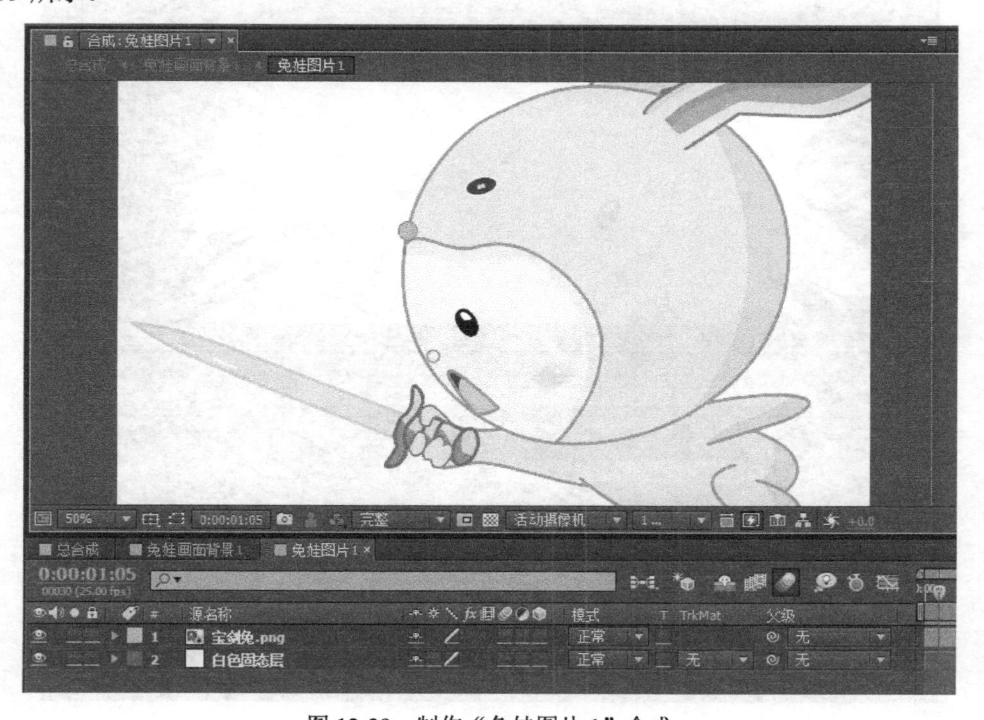


图 12-39　制作“兔娃图片 1”合成

**【步骤 39】**创建"兔娃画面背景 1"合成，自定义尺寸为宽度为"1920"px，高度为"1080"px，持续时间为 11 秒 24，如图 12-40 所示。

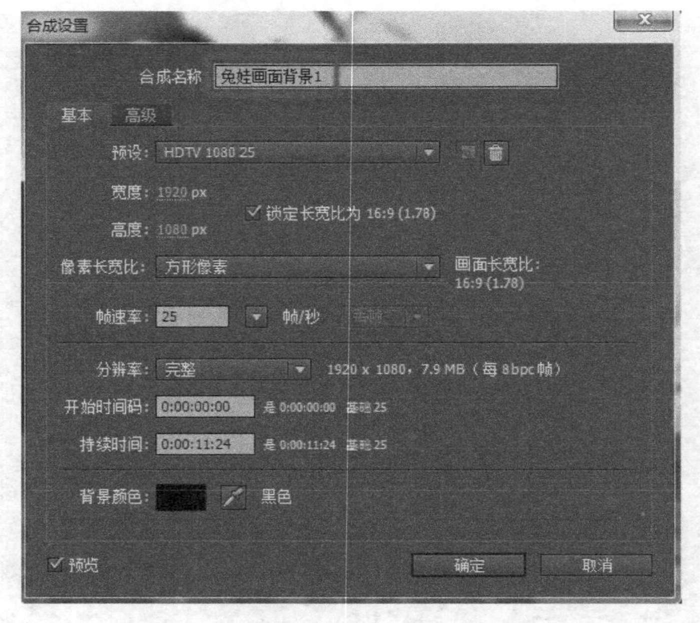


图 12-40　创建"兔娃画面背景 1"合成

**【步骤 40】**在"兔娃画面背景 1"合成中导入"兔娃图片 1"合成，导入水墨视频素材，更改兔娃画面 1 合成图层蒙版模式为 L.Inv，如图 12-41 所示。

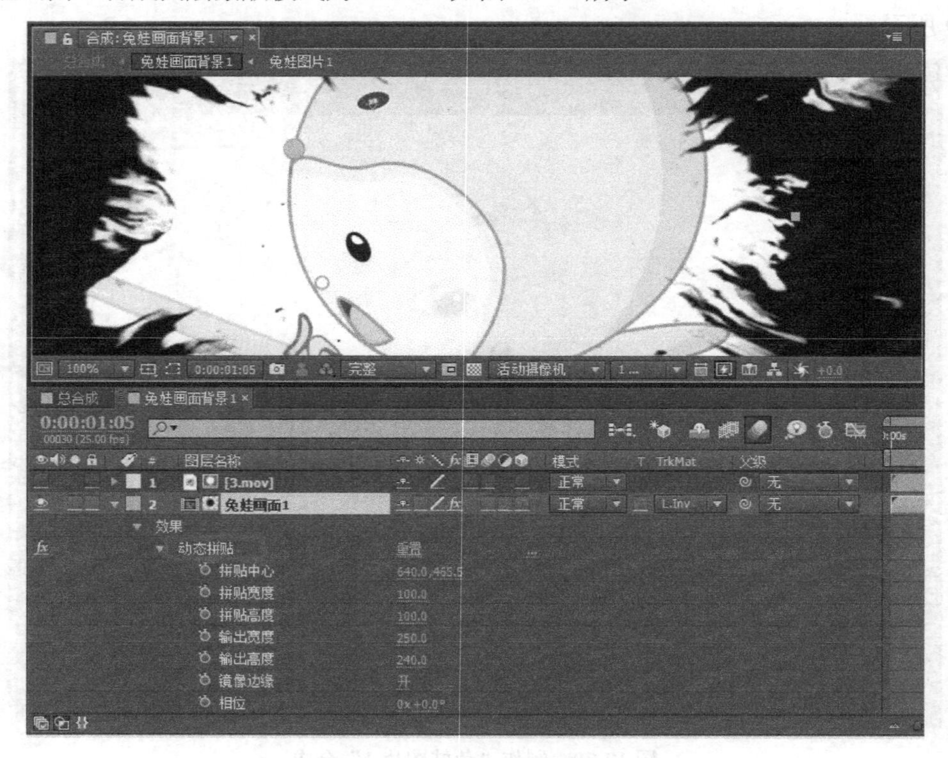


图 12-41　制作"兔娃画面背景 1"合成

【步骤 41】新建合成命名为“兔娃”传奇，自定义尺寸宽度为“1920” px，高度为“1080” px，持续时间为 10 秒，如图 12-42 所示。

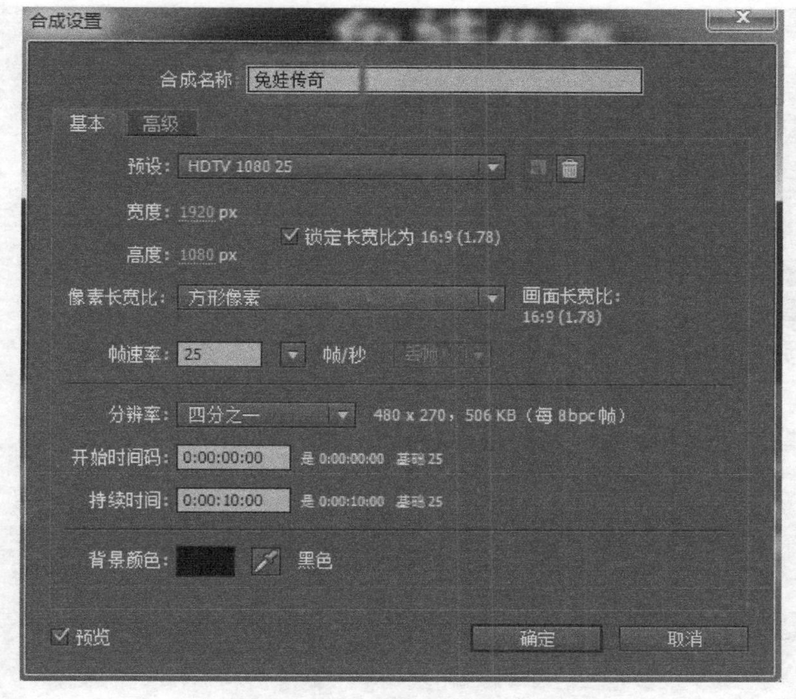


图 12-42 创建“兔娃传奇文字”合成

【步骤 42】将“兔娃文字 2”合成导入“兔娃传奇”合成，导入水墨视频素材，更改兔娃文字 2 合成图层蒙版模式为 L.Inv，如图 12-43 所示。

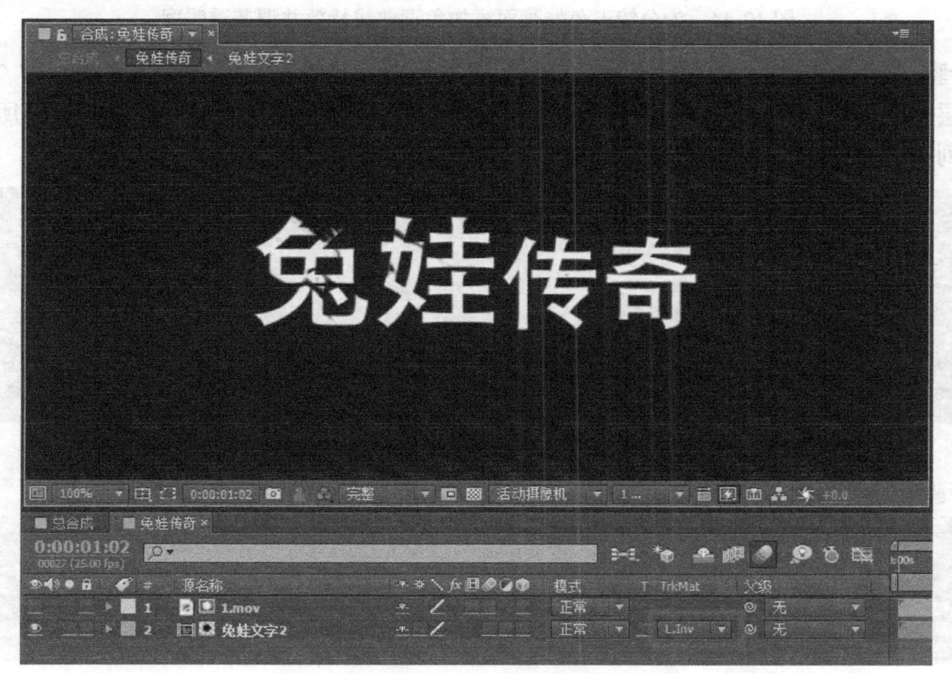


图 12-43 制作“兔娃文字 1”合成

【步骤 43】为“分镜五兔娃画面”添加色调特效，为图片去色与整体影片水墨风格统一，调节透明度并在结尾处录制淡出动画，如图 12-44 所示。

图 12-44　为分镜五兔娃画面添加色调曲线特效并调节透明度

【步骤 44】拖曳曲线将水墨素材 13 的父级层指定为分镜五兔娃文字，水墨素材 7、2、8 的父级层指定为“分镜五兔娃画面”，设置水墨视频素材图层模式为“相乘”，分镜五所有图层顺序排列如图 12-45 所示。

| # | 图层名称 | 模式 | TrkMat | 父级 |
|---|---|---|---|---|
| 18 | 分镜五兔娃文字 | 正常 | 无 | 无 |
| 19 | [13.mov] | 相乘 | 无 | 18. 分镜五兔娃文字 |
| 20 | 分镜五兔娃画面 | 正常 | 无 | 无 |
| 21 | [2.mov] | 相乘 | 无 | 20. 分镜五兔娃画面 |
| 22 | [8.mov] | 相乘 | 无 | 20. 分镜五兔娃画面 |
| 23 | [8.mov] | 相乘 | 无 | 20. 分镜五兔娃画面 |
| 24 | [7.mov] | 相乘 | 无 | 20. 分镜五兔娃画面 |

图

图 12-45　设置图层模式并指定父级层

【步骤 45】为分镜五所有图层设置 3D 层和运动模糊，如图 12-46 所示。

| # | 图层名称 | 父级 |
|---|---|---|
| 18 | 分镜五兔娃文字 | 无 |
| 19 | [13.mov] | 18. 分镜五兔娃文字 |
| 20 | 分镜五兔娃画面 | 无 |
| 21 | [2.mov] | 20. 分镜五兔娃画面 |
| 22 | [8.mov] | 20. 分镜五兔娃画面 |
| 23 | [8.mov] | 20. 分镜五兔娃画面 |
| 24 | [7.mov] | 20. 分镜五兔娃画面 |

图

12-46　设置为 3D 层和运动模糊模式

【步骤 46】创建“兔娃图片 2”合成，自定义宽度为“1280”px，高度为“931”px，持续时间为 35 秒，如图 12-47 所示。

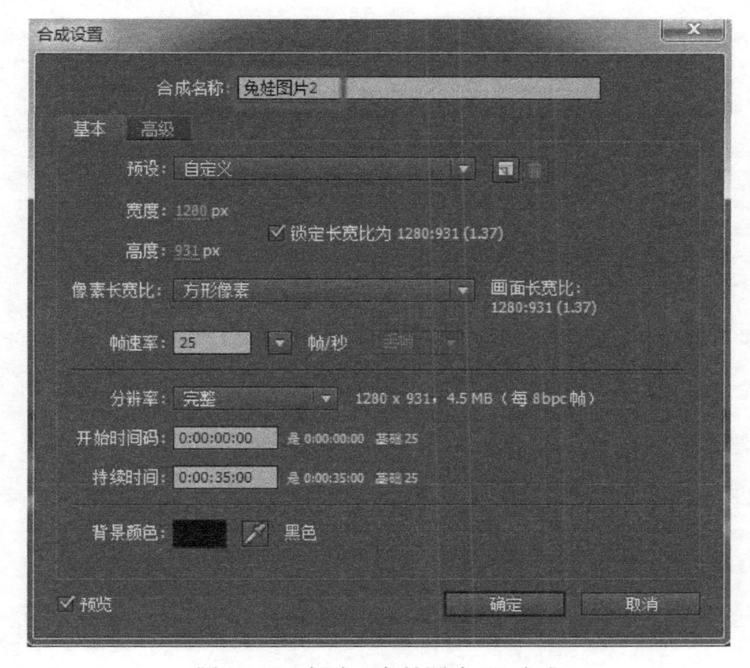


图 12-47 创建“兔娃图片 2”合成

【步骤 47】在“兔娃图片 2”合成中创建白色纯色层，导入兔娃图片，录制缩放动画，如图 12-48 所示。

图 12-48 制作“兔娃图片 2”合成

**【步骤 48】**创建“兔娃画面背景 2”合成，自定义尺寸为宽度为“1920”px，高度为“1080”px，持续时间为 11 秒 24，如图 12-49 所示。

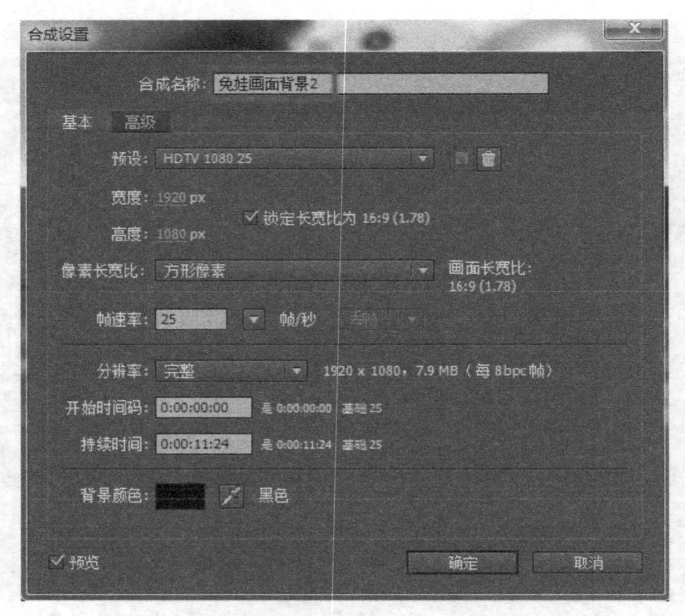


图 12-49　创建“兔娃画面背景 2”合成

**【步骤 49】**在“兔娃画面背景 2”合成中导入“兔娃图片 2”合成，导入水墨视频素材，更改兔娃画面 2 合成图层蒙版模式为 L.Inv，添加动态拼贴特效如图 12-50 所示。

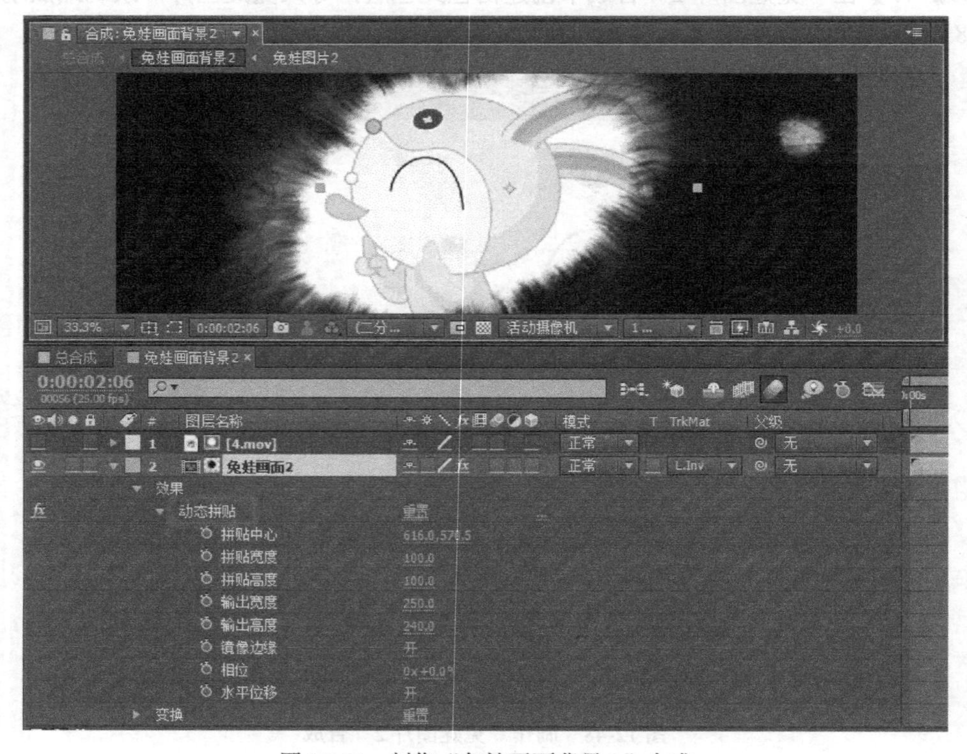


图 12-50　制作“兔娃画面背景 2”合成

【步骤 50】新建合成命名为“和萌娃一起遨游”，自定义尺寸宽度为“1000”px，高度为“300”px，持续时间为 10 秒，如图 12-51 所示。

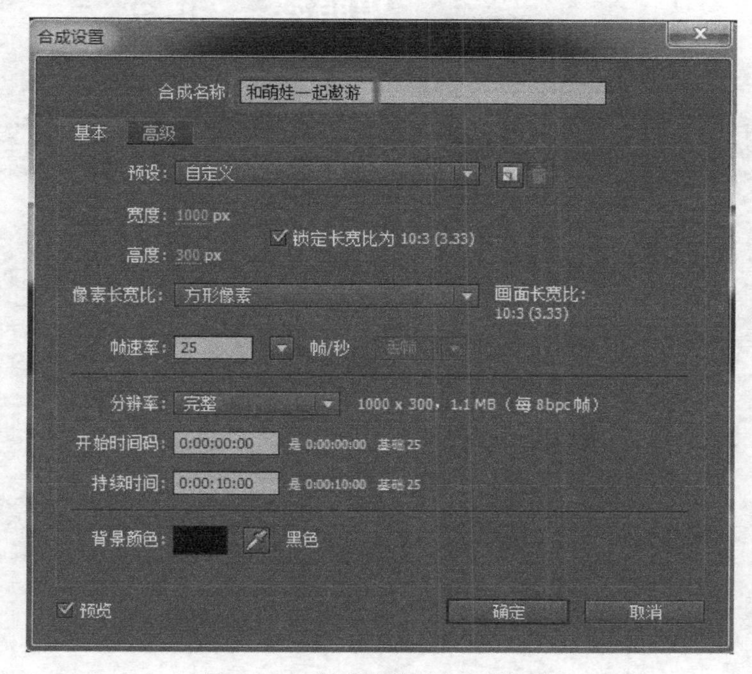


图 12-51　创建“萌娃文字”合成

【步骤 51】将“和萌娃一起遨游”合成导入“兔娃文字 2”合成，导入水墨视频素材，更改萌娃一起遨游合成图层蒙版模式为 L.Inv，如图 12-52 所示。

图 12-52　制作“兔娃文字 2”合成

【步骤 52】为“分镜六兔娃画面”添加色调特效，为图片去色与整体影片水墨风格统一，调节透明度并在结尾处录制淡出动画，如图 12-53 所示。

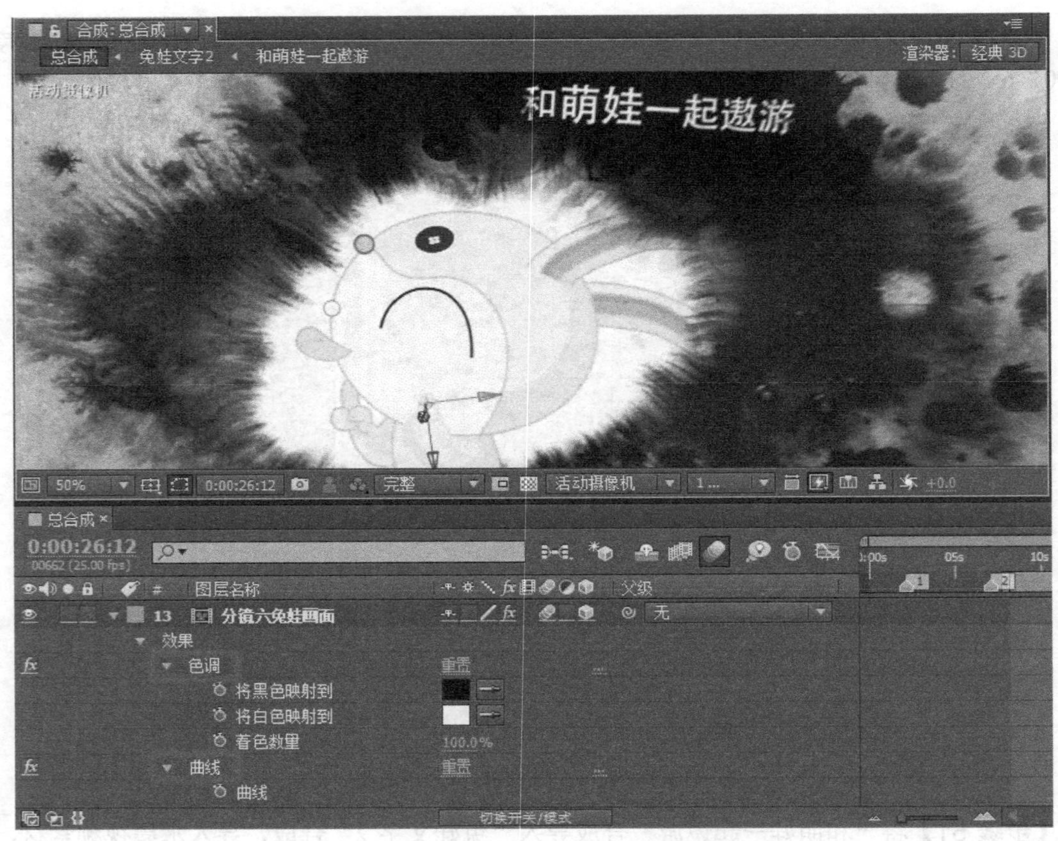


图 12-53　为分镜六兔娃画面添加色调曲线特效

【步骤 53】拖曳曲线将水墨素材 12 的父级层指定为“分镜六兔娃文字”，水墨素材 11、2、4 的父级层指定为“分镜六兔娃画面”，设置水墨视频素材图层模式为“相乘”，分镜六所有图层顺序排列如图 12-54 所示。

| # | 图层名称 | 模式 | TrkMat | 父级 |
|---|---|---|---|---|
| 11 | 分镜六兔娃文字 | 正常 | 无 | 无 |
| 12 | [12.mov] | 相乘 | 无 | 11. 分镜六兔娃文字 |
| 13 | 分镜六兔娃画面 | 正常 | 无 | 无 |
| 14 | [2.mov] | 相乘 | 无 | 13. 分镜六兔娃画面 |
| 15 | [11.mov] | 相乘 | 无 | 13. 分镜六兔娃画面 |
| 16 | [4.mov] | 相乘 | 无 | 13. 分镜六兔娃画面 |
| 17 | [Paper.jpg] | 正常 | 无 | 无 |

图 12-54　设置图层模式并指定父级层

【步骤 54】为分镜六所有图层设置 3D 层和运动模糊，如图 12-55 所示。

| # | 图层名称 | 父级 |
|---|---|---|
| 11 | 分镜六兔娃文字 | 无 |
| 12 | [12.mov] | 11. 分镜六兔娃文字 |
| 13 | 分镜六兔娃画面 | 无 |
| 14 | [2.mov] | 13. 分镜六兔娃画面 |
| 15 | [11.mov] | 13. 分镜六兔娃画面 |
| 16 | [4.mov] | 13. 分镜六兔娃画面 |
| 17 | [Paper.jpg] | 无 |

图 12-55　设置为 3D 层和运动模糊模式

【步骤 55】新建合成命名“定版大风影像”，自定义尺寸宽度为“1920”px，高度为“700px”，持续时间为 14 秒，如图 12-56 所示。

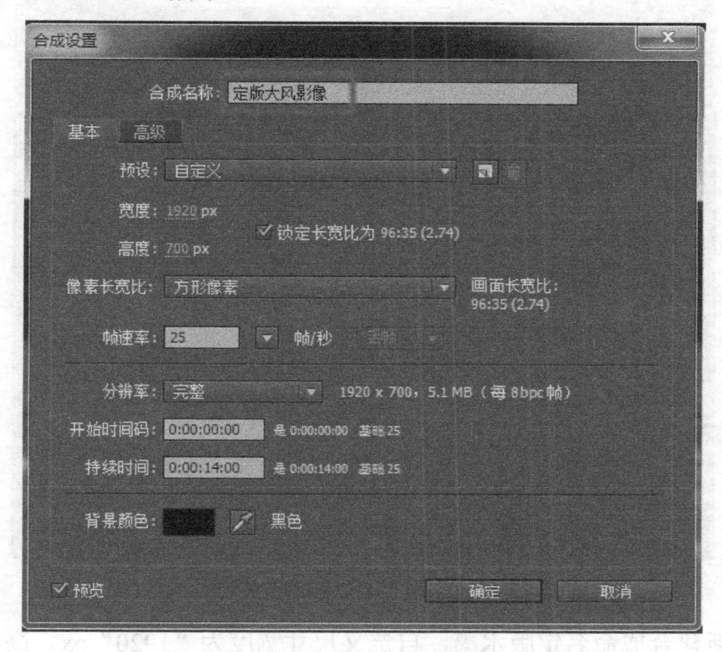


图 12-56　创建“定版大风影像”合成

【步骤 56】在定版大风影像合成中创建大风影像文本，导入 Paper 素材，更改 Paper 蒙版模式为“亮度”，使文本具有质感，如图 12-57 所示。

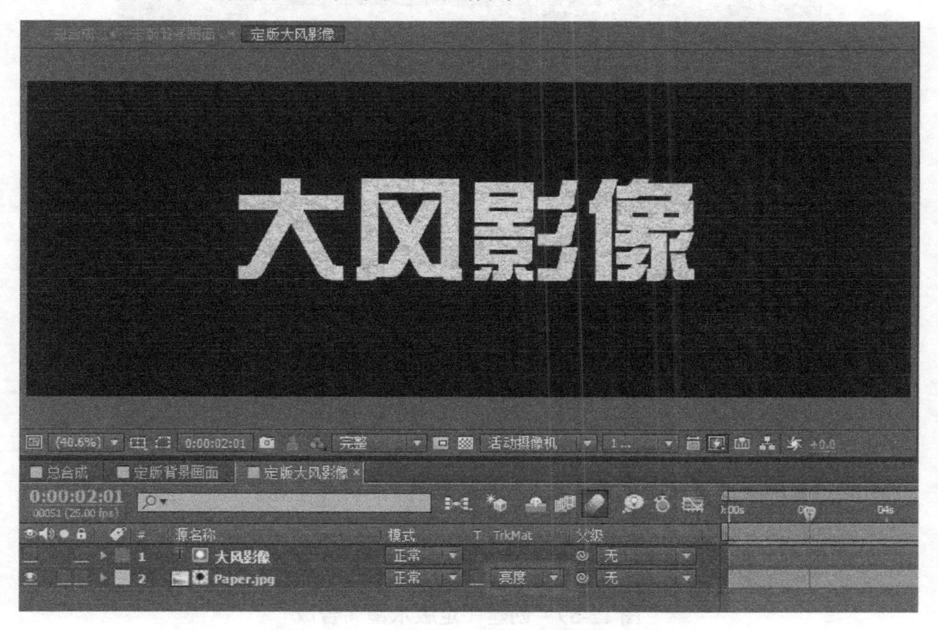


图 12-57　制作“定版大风影像”合成

【步骤 57】新建合成命名为“定版背景画面”，自定义尺寸宽度为“1920”px，高度为“700”px，持续时间为 10 秒 24，如图 12-58 所示。

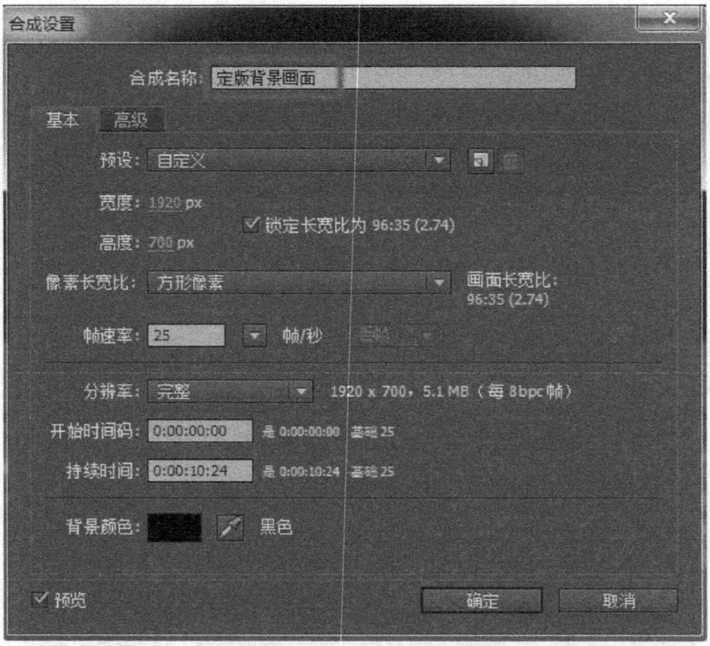

图 12-58　创建“定版画面背景”合成

【步骤 58】新建合成命名定版水墨，自定义尺寸宽度为“1920”px，高度为“700”px，持续时间为 10 秒 24，如图 12-59 所示。

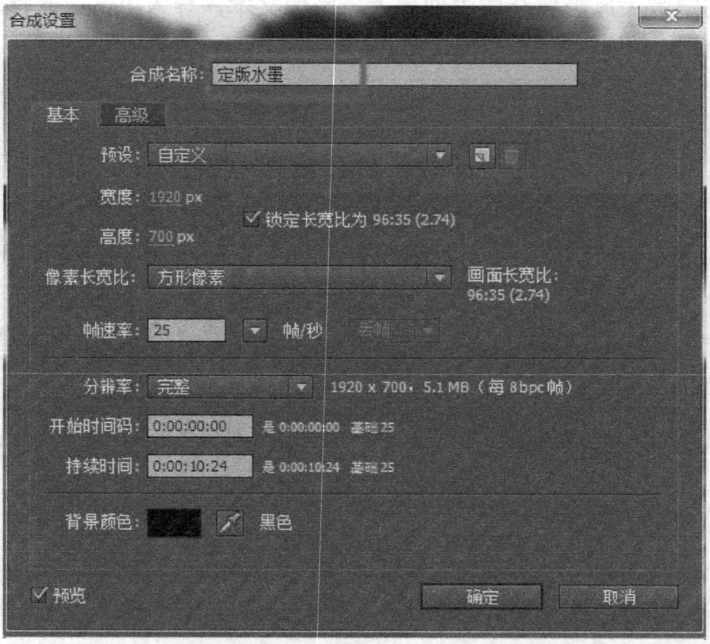

图 12-59　创建“定版水墨”合成

【步骤 59】在“定版背景画面”合成中导入定版水墨合成和定版大风影像合成，更改定版大风影像合成蒙版模式为 L.Inv，如图 12-60 所示。

图 12-60　制作定版画面背景合成

【步骤 60】为定版背景画面合成添加蒙版，录制蒙版扩展动画，使文本逐渐呈现，如图 12-61 所示。

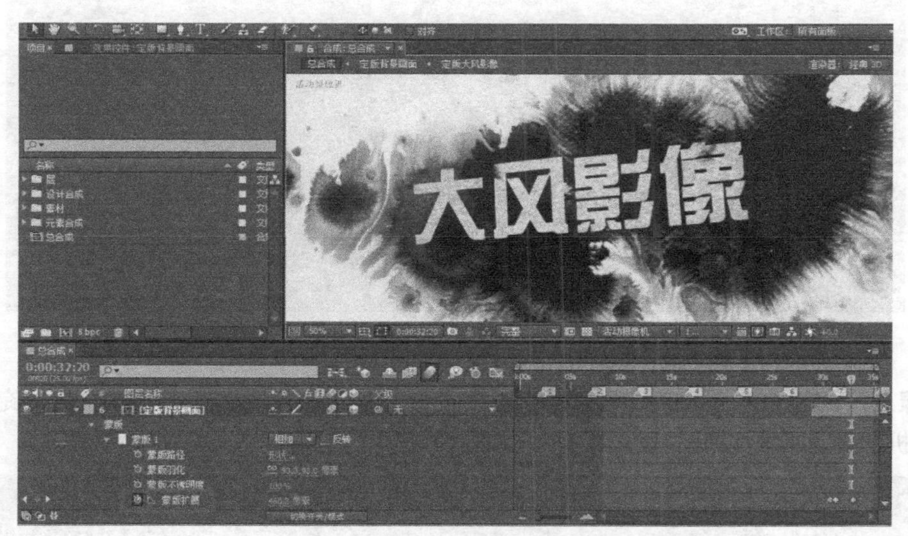


图 12-61　为定版背景画面添加蒙版

【步骤 61】拖曳曲线将水墨素材 12、11、13 的父级层指定为“定版背景画面”，设置水墨视频素材图层模式为“相乘”，图层顺序排列如图 12-62 所示。

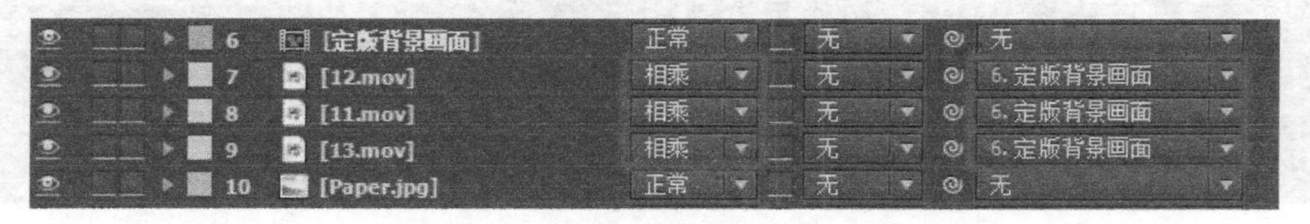


图 12-62　设置图层模式并指定父级层

【步骤 62】设置水墨素材为 3D 层，打开运动模糊模式，如图 12-63 所示。

| # | 图层名称 | 父级 |
|---|---|---|
| 6 | [定版背景画面] | 无 |
| 7 | [12.mov] | 6. 定版背景画面 |
| 8 | [11.mov] | 6. 定版背景画面 |
| 9 | [13.mov] | 6. 定版背景画面 |
| 10 | [Paper.jpg] | 无 |

图 12-63　设置为 3D 层和运动模糊模式

【步骤 63】制作宣纸纹理，为图片素材添加动态拼贴特效，更改图层模式为“叠加”，如图 12-64 所示。

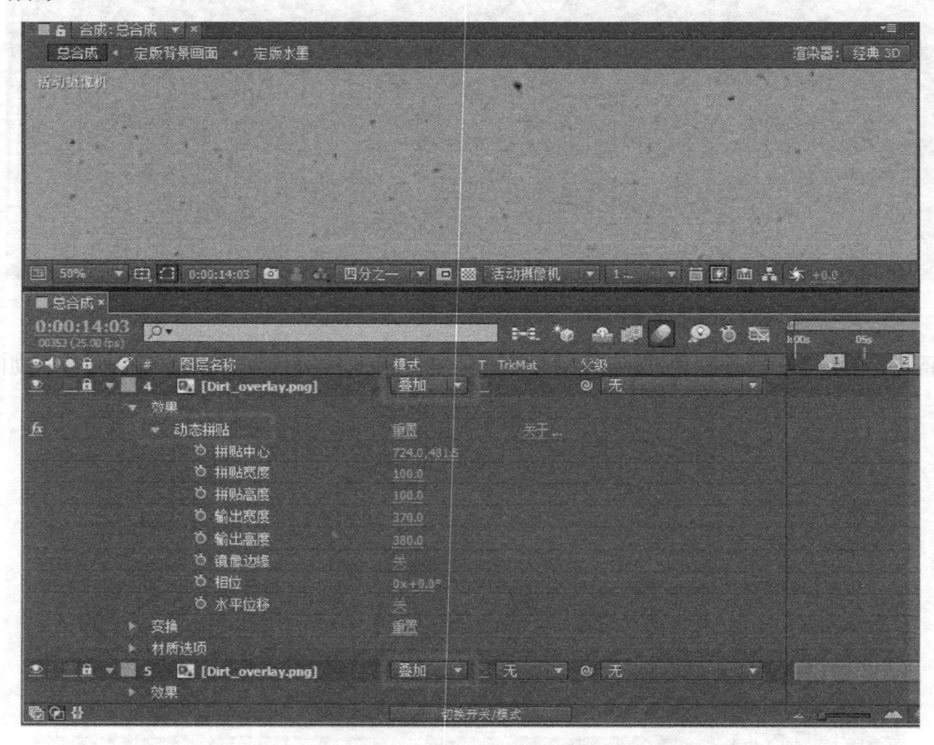


图 12-64　制作宣纸背景纹理

【步骤 64】创建空对象，将摄像机与空对象设置为父级链接，录制空对象位置与旋转动画，录制摄像机焦距动画，设置关键帧缓动，如图 12-65 所示。

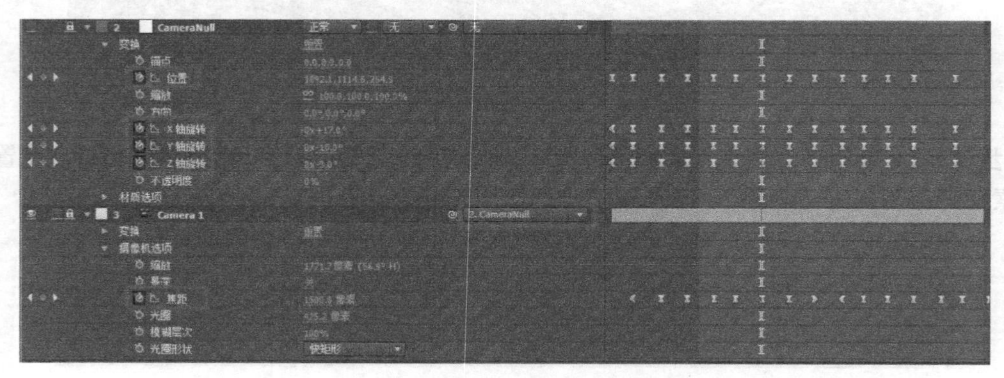

图 12-65　创建摄像机并与空对象链接录制动画

【步骤 65】创建调节层，添加曲线特效，如图 12-66 所示。

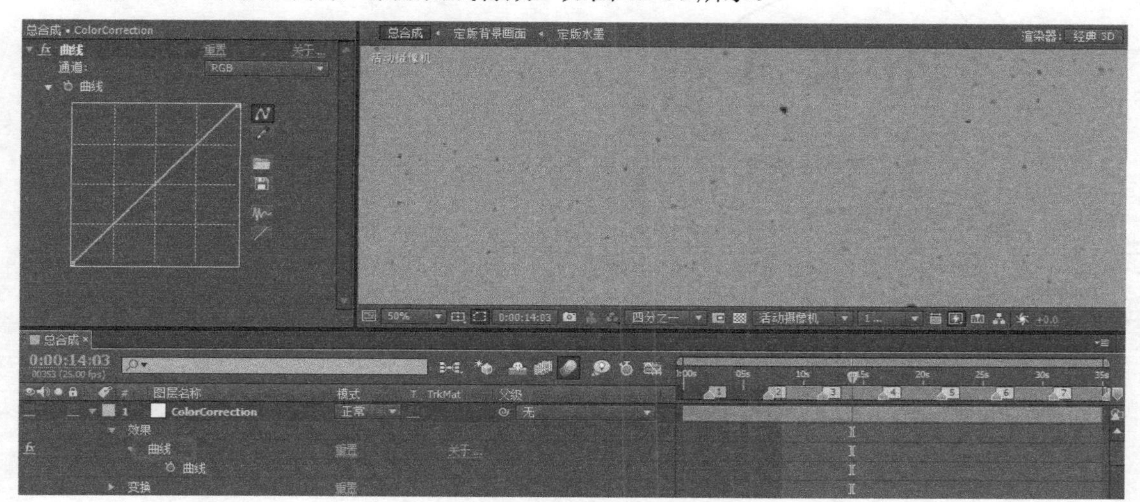

图 12-66　添加调节层设置曲线特效

## 任务反馈

本任务运用空对象关联摄像机录制动画完成镜头转换，运用景深营造大气氛围。应用调节层对画面整体色调进行全局调节，使全部影片色调统一。亮度图层蒙版模式与图层相乘模式的应用使影片融合自然。全部影片分为七组分镜头，每组分镜组接自然连贯一气呵成。

## 任务拓展

收集传统素材制作民族风影片，整体要求大气、有内涵。技术要点需体现摄像机转换，图层与遮罩模式转换，注意影片整体色调协调统一，配乐要符合、烘托主题。

# Adobe Premiere Pro CC 快捷键

**文件**

| | |
|---|---|
| 项目/作品 | Ctrl +Alt+N |
| 序列 | Ctrl+N |
| 字幕 | Ctrl+T |
| 打开项目/作品 | Ctrl+O |
| 在 Adobe Bridge 中浏览 | Ctrl+Alt+O |
| 关闭项目 | Ctrl+Shift+W |
| 关闭 | Ctrl+W |
| 保存 | Ctrl+S |
| 另存为 | Ctrl+Shift+S |
| 保存副本 | Ctrl+Alt+S |
| 捕捉 | F5 |
| 批量捕捉 | F6 |
| 从媒体浏览器导入 | Ctrl+Alt+I |
| 导入 | Ctrl+I |

**导出**

| | |
|---|---|
| 媒体 | Ctrl+M |

**获取属性**

| | |
|---|---|
| 选择 | Ctrl+Shift+H |
| 退出 | Ctrl+Q |

**编辑**

| | |
|---|---|
| 撤销 | Ctrl+Z |
| 重做 | Ctrl+Shift+Z |

| | |
|---|---|
| 剪切 | Ctrl+X |
| 复制 | Ctrl+C |
| 粘贴 | Ctrl+V |
| 粘贴插入 | Ctrl+Shift+V |
| 粘贴属性 | Ctrl+Alt+V |
| 删除 | Delete |
| 波纹删除 | Shift+Delete |
| 复制 | Ctrl+Shift+/ |
| 全选 | Ctrl+A |
| 取消全选 | Ctrl+Shift+A |
| 查找... | Ctrl+F |
| 编辑原始 | Ctrl+E |

**剪辑**

| | |
|---|---|
| 制作子剪辑... | Ctrl+U |
| 音频声道... | Shift+G |
| 速度/持续时间... | Ctrl+R |
| 插入 | , |
| 覆盖 | . |
| 启用 | Shift+E |
| 链接 | Ctr+I |
| 编组 | Ctrl+G |
| 取消编组 | Ctrl+Shift+G |

**序列**

| | |
|---|---|
| 渲染作品效果 | Enter |

**区域/入点到出点**

| | |
|---|---|
| 匹配帧 F | F |
| 添加编辑 | Ctrl+K |
| 添加编辑到所有轨道 | Ctrl+Shift+K |
| 修剪编辑 | T |
| 将选定编辑点扩展到 | E |

**播放指示器**

| | |
|---|---|
| 应用视频过渡 | Ctrl+D |
| 应用音频过渡 | Ctrl+Shift+D |
| 应用默认过渡 | Shift+D |

**至选择项**

| | |
|---|---|
| 提升 | ; |

| | |
|---|---|
| 提取 | ' |
| 放大 | = |
| 缩小 | - |

**转至间隙**

| | |
|---|---|
| 序列中下一段 | Shift+; |
| 序列中上一段 | Ctrl+Shift+; |
| 对齐 | S |

**标记**

| | |
|---|---|
| 标记入点 | I |
| 标记出点 | O |
| 标记剪辑 | X |
| 标记选择项 | / |
| 转到入点 | Shift+I |
| 转到出点 | Shift+O |
| 清除入点 | Ctrl+Shift+I |
| 清除出点 | Ctrl+Shift+O |
| 清除入点和出点 | Ctrl+Shift+X |
| 添加标记 | M |
| 转到下一标记 | Shift+M |
| 转到上一标记 | Ctrl+Shift+M |
| 清除当前标记 | Ctrl+Alt+M |
| 清除所有标记 | Ctrl+Alt+Shift+M |

**文字对齐**

| | |
|---|---|
| 左 | Ctrl+Shift+L |
| 居中 | Ctrl+Shift+C |
| 右 | Ctrl+Shift+R |
| 制表位... | Ctrl+Shift+T |
| 模板... | Ctrl+J |

**选择**

| | |
|---|---|
| 上层的下一个对象 | Ctrl+Alt+] |
| 下层的下一个对象 | Ctrl+Alt+[ |

**排列**

| | |
|---|---|
| 移到最前 | Ctrl+Shift+] |
| 前移 | Ctrl+] |
| 移到最后 | Ctrl+Shift+[ |
| 后移 | Ctrl+[ |

**工作区**

| | |
|---|---|
| 重置当前 | Alt+Shift+0 |
| 音频剪辑混合器 | Shift+9 |
| 音频轨道混合器 | Shift+6 |
| 效果控件 | Shift+5 |
| 效果 | Shift+7 |
| 媒体浏览器 | Shift+8 |
| 节目监视器 | Shift+4 |
| 项目 | Shift+1 |
| 源监视器 | Shift+2 |
| 时间轴 | Shift+3 |

**帮助**

| | |
|---|---|
| Adobe Premiere Pro | F1 |
| 清除标识帧 | Ctrl+Shift+P |
| 切换到摄像机 1 | Ctrl+1 |
| 切换到摄像机 2 | Ctrl+2 |
| 切换到摄像机 3 | Ctrl+3 |
| 切换到摄像机 4 | Ctrl+4 |
| 切换到摄像机 5 | Ctrl+5 |
| 降低剪辑音量 | [ |
| 大幅降低剪辑音量 | Shift+[ |
| 展开所有轨道 | Shift+= |
| 导出帧 | Ctrl+Shift+E |
| 将下一个编辑点扩展到 | Shift+W |

**播放指示器**

| | |
|---|---|
| 将上一个编辑点扩展到 | Shift+Q |

**调音台面板菜单**

| | |
|---|---|
| 显示/隐藏轨道... | Ctrl+Alt+T |
| 循环 | Ctrl+L |
| 仅计量器输入 | Ctrl+Shift+I |

**捕捉面板**

| | |
|---|---|
| 录制视频 | V |
| 录制音频 | A |
| 弹出 | E |
| 快进 | F |
| 转到入点 | Q |

| | |
|---|---|
| 转到出点 | W |
| 录制 | G |
| 回退 | R |
| 逐帧后退 | 左 |
| 逐帧前进 | 右 |
| 停止 | S |

**“效果”面板菜单**

| | |
|---|---|
| 新建自定义素材箱 | Ctrl+/ |
| 删除自定义项目 | Backspace |

**“历史记录”面板菜单**

| | |
|---|---|
| 逐帧后退 | 左 |
| 逐帧前进 | 右 |
| 删除 | Backspace |
| 在源监视器中打开 | Shift+O |
| 父目录 | Ctrl+向上键 |
| 选择目录列表 | Shift+向左键 |
| 选择媒体列表 | Shift+向右键 |
| 循环 | Ctrl+L |
| 播放 | 空格键 |
| 转到下一个编辑点 | 下 |
| 转到上一个编辑点 | 上 |
| 播放/停止切换 | 空格键 |
| 录制开/关切换 | 0 |
| 逐帧后退 | 左 |
| 逐帧前进 | 右 |
| 循环 | Ctrl+L |

**工具**

| | |
|---|---|
| 选择工具 | V |
| 轨道选择工具 | A |
| 波纹编辑工具 | B |
| 滚动编辑工具 | N |
| 比率拉伸工具 | R |
| 剃刀工具 | C |
| 外滑工具 | Y |
| 内滑工具 | U |
| 钢笔工具 | P |
| 手形工具 | H |

| | |
|---|---|
| 缩放工具 | Z |

**多机位（键盘快捷键）**

| | |
|---|---|
| 转到下一个编辑点 | 下 |
| 转到任意轨道上的下一个编辑点 | Shift+向下键 |
| 转到上一个编辑点 | 上 |
| 转到任意轨道上的上一个编辑点 | Shift+向上键 |
| 转到所选剪辑结束点 | Shift+End |
| 转到所选剪辑起始点 | Shift+Home |
| 转到序列剪辑结束点 | End |
| 转到序列剪辑起始点 | 主页 |
| 提高剪辑音量 | ] |
| 大幅提高剪辑音量 | Shift+] |
| 最大化或恢复活动帧 | Shift+` |
| 最大化或在光标下恢复帧 | ` |
| 最小化所有轨道 | Shift+- |
| 播放邻近区域 | Shift+K |
| 从入点播放到出点 | Ctrl+Shift+空格键 |
| 通过预卷/过卷从入点播放到出点 | Shift+空格键 |
| 从播放指示器播放到出点 | Ctrl+空格键 |
| 播放-停止切换 | 空格键 |
| 显示嵌套的序列 | Ctrl+Shift+F |
| 波纹修剪下一个编辑点到播放指示器 | W |
| 波纹修剪上一个编辑点到播放指示器 | Q |
| 选择摄像机 1 | 1 |
| 选择摄像机 2 | 2 |
| 选择摄像机 3 | 3 |
| 选择摄像机 4 | 4 |
| 选择摄像机 5 | 5 |
| 选择摄像机 6 | 6 |
| 选择摄像机 7 | 7 |
| 选择摄像机 8 | 8 |
| 选择摄像机 9 | 9 |
| 选择查找框 | Shift+F |
| 在播放指示器上选择剪辑 | D |
| 选择下一个剪辑 | Ctrl+向下键 |
| 选择下一个面板 | Ctrl+Shift+. |
| 选择上一个剪辑 | Ctrl+向上键 |
| 选择上一个面板 | Ctrl+Shift+, |
| 设置标识帧 | Shift+P |

| | |
|---|---|
| 向左往复 | J |
| 向右往复 | L |
| 向左慢速往复 | Shift+J |
| 向右慢速往复 | Shift+L |
| 停止往复 | K |
| 逐帧后退 | 左 |
| 后退五帧 - 单位 | Shift+向左键 |
| 逐帧前进 | 右 |
| 前进五帧 - 单位 | Shift+向右键 |
| 切换所有音频目标 | Ctrl+9 |
| 切换所有源音频 | Ctrl+Alt+9 |
| 切换所有源视频 | Ctrl+Alt+0 |
| 切换所有视频目标 | Ctrl+0 |
| 在快速搜索期间开关音频 | Shift+S |

**切换操纵面剪辑混合器模式**

| | |
|---|---|
| 全屏切换 | Ctrl+` |
| 切换多机位视图 | Shift+0 |
| 切换修剪类型 | Shift+T |
| 向后修剪 | Ctrl+向左键 |
| 大幅向后修剪 | Ctrl+Shift+向左键 |
| 向前修剪 | Ctrl+向右键 |
| 大幅向前修剪 | Ctrl+Shift+向右键 |
| 修剪下一个编辑点到播放指示器 | Ctrl+Alt+W |
| 修剪上一个编辑点到播放指示器 | Ctrl+Alt+Q |

**“项目”面板**

| | |
|---|---|
| 工作区 1 | Alt+Shift+1 |
| 工作区 2 | Alt+Shift+2 |
| 工作区 3 | Alt+Shift+3 |
| 工作区 4 | Alt+Shift+4 |
| 工作区 5 | Alt+Shift+5 |
| 工作区 6 | Alt+Shift+6 |
| 工作区 7 | Alt+Shift+7 |
| 工作区 8 | Alt+Shift+8 |
| 工作区 9 | Alt+Shift+9 |
| 向上展开选择项 | Shift+向上键 |
| 向下移动选择项 | 下 |
| 移动选择项到结尾 | End |
| 移动选择项到开始 | 主页 |

| | |
|---|---|
| 向左移动选择项 | 左 |
| 移动选择项到下一页 | Page Down |
| 移动选择项到上一页 | Page Up |
| 向右移动选择项 | 右 |
| 向上移动选择项 | 上 |
| 下一列字段 | Tab |
| 下一行字段 | Enter |
| 在源监视器中打开 | Shift+O |
| 上一列字段 | Shift + Tab |
| 上一行字段 | Shift+Enter |
| 下一缩览图大小 | Shift+] |
| 上一缩览图大小 | Shift+[ |
| 切换视图 | Shift+\ |

**“时间轴”面板**

| | |
|---|---|
| 添加剪辑标记 | Ctrl+1 |
| 清除选择项 | Backspace |
| 降低音频轨道高度 | Alt+- |
| 降低视频轨道高度 | Ctrl+- |
| 增加音频轨道高度 | Alt+= |
| 增加视频轨道高度 | Ctrl+= |
| 将所选剪辑向左轻移五帧 | Alt+Shift+向左键 |
| 将所选剪辑向左轻移一帧 | Alt+向左键 |
| 将所选剪辑向右轻移五帧 | Alt+Shift+向右键 |
| 将所选剪辑向右轻移一帧 | Alt+向右键 |
| 波纹删除 | Alt+Backspace |
| 设置工作区栏的入点 | Alt+[ |
| 设置工作区栏的出点 | Alt+] |
| 显示下一屏幕 | Page Down |
| 显示上一屏幕 | Page Up |
| 将所选剪辑向左滑动五帧 | Alt+Shift+, |
| 将所选剪辑向左滑动一帧 | Alt+, |
| 将所选剪辑向右滑动五帧 | Alt+Shift+. |
| 将所选剪辑向右滑动一帧 | Alt+. |
| 将所选剪辑向左滑动五帧 | Ctrl+Alt+Shift+向左键 |
| 将所选剪辑向左滑动一帧 | Ctrl+Alt+向左键 |
| 将所选剪辑向右滑动五帧 | Ctrl+Alt+Shift+向右键 |
| 将所选剪辑向右滑动一帧 | Ctrl+Alt+向右键 |

**字幕**

| | |
|---|---|
| 弧形工具 | A |
| 粗体 | Ctrl+B |
| 将字偶间距减少五个单位 | Alt+Shift+向左键 |
| 将字偶间距减少一个单位 | Alt+向左键 |
| 将行距减少五个单位 | Alt+Shift+向下键 |
| 将行距减少一个单位 | Alt+向下键 |
| 将文字大小减少五磅 | Ctrl+Alt+Shift+向左键 |
| 将文字大小减少一磅 | Ctrl+Alt+向左键 |
| 椭圆工具 | E |
| 将字偶间距增加五个单位 | Alt+Shift+向右键 |
| 将字偶间距增加一个单位 | Alt+向右键 |
| 将行距增加五个单位 | Alt+Shift+向上键 |
| 将行距增加一个单位 | Alt+向上键 |
| 将文本大小增加五磅 | Ctrl+Alt+Shift+向右键 |
| 将文本大小增加一磅 | Ctrl+Alt+向右键 |
| 插入版权符号 | Ctrl+Alt+Shift+C |
| 插入注册商标符号 | Ctrl+Alt+Shift+R |
| 斜体 | Ctrl+I |
| 直线工具 | L |
| 将选定对象向下微移五个像素 | Shift+向下键 |
| 将选定对象向下微移一个像素 | 下 |
| 将选定对象向左微移五个像素 | Shift+向左键 |
| 将选定对象向左微移一个像素 | 左 |
| 将选定对象向右微移五个像素 | Shift+向右键 |
| 将选定对象向右微移一个像素 | 右 |
| 将选定对象向上微移五个像素 | Shift+向上键 |
| 将选定对象向上微移一个像素 | 上 |

**路径文字工具**

| | |
|---|---|
| 钢笔工具 | P |
| 将对象置于底端字幕安全边距内 | Ctrl+Shift+D |
| 将对象置于左端字幕安全边距内 | Ctrl+Shift+F |
| 将对象置于顶端字幕安全边距内 | Ctrl+Shift+O |
| 矩形工具 | R |
| 旋转工具 | O |
| 选择工具 | V |
| 文字工具 | T |
| 下划线 | Ctrl+U |

| | |
|---|---|
| 垂直文字工具 | C |
| 楔形工具 | W |

**“修剪监视器”面板**

| | |
|---|---|
| 同时兼顾输出端和进入端 | Alt+1 |
| 集中到进入端 | Alt+3 |
| 集中到输出端 | Alt+2 |
| 循环 | Ctrl+L |
| 向后较大偏移修剪 | Alt+Shift+向左键 |
| 向后修剪一帧 | Alt+向左键 |
| 向前较大偏移修剪 | Alt+Shift+向右键 |
| 向前修剪一帧 | Alt+向右键 |

# Adobe After Effects CC 快捷键

**文件**

| | |
|---|---|
| 文件面板 | Alt + F |
| 新建项目 | Ctrl + Alt + N |
| 新建文件夹 | Ctrl + Alt + Shift + N |
| 打开项目 | Ctrl + O |
| Bridge 中浏览 | Ctrl + Alt + Shift + O |
| 关闭 | Ctrl + W |
| 保存 | Ctrl + S |
| 导入 | Ctrl + I |
| 多个文件导入 | Ctrl + Alt + I |
| 查找 | Ctrl + F |
| 将素材添加到合成 | Ctrl + / |
| 解释素材 | Ctrl + Alt + G |
| 项目设置 | Ctrl + Alt + Shift + K |
| 退出 | Ctrl + Q |

↑ ↓ →←位置移动一帧

Shift + ↑ ↓ →←位置移动十帧

中断运行脚本 Esc

| | |
|---|---|
| 将活动合成或所选项目添加到渲染队列 | Ctrl + Shift + / 或 Ctrl + M |

**编辑**

| | |
|---|---|
| 编辑面板 | Alt + E |
| 剪切 | Ctrl + X |
| 复制 | Ctrl + C |

粘贴 Ctrl + V
清除 Delete
重复 Ctrl + D
全选 Ctrl + A
取消全选 Ctrl + Shift + A
标签 Alt + E + L
编辑原稿 Ctrl + E
模板 Alt + E + M
打开或关闭工具面板 Ctrl + 1
打开或关闭信息面板 Ctrl + 2
打开或关闭预览面板 Ctrl + 3
打开或关闭音频面板 Ctrl + 4
打开或关闭效果面板 Ctrl + 5
打开或关闭字符面板 Ctrl + 6
打开或关闭段落面板 Ctrl + 7
打开或关闭绘画面板 Ctrl + 8
打开或关闭画笔面板 Ctrl + 9
打开流程图面板 Ctrl + F11
关闭活动面板 Ctrl + Shift + W
最大化或将恢复鼠标指针所指面板调整应用程序窗口或浮动窗口 Ctrl + \
切换合成面板与时间线面板 \
工作区开始位置 Shift + Home
工作区结束位置 Shift + End
项目开始 Home
项目结束 End
前进一帧 PageDown
后退一帧 PageUp
前进十帧 Shift + PageDown
后进十帧 Shift + PageUp

**合成**

合成面板 Alt + C
新建合成 Ctrl + N
合成设置 Ctrl + K
添加到队列渲染 Ctrl + M
RAM 预览 Numpad 0
音频预览（工作区域） Numpad .
帧另存为 Alt + C + S
保存 RAM 预览 Ctrl + Numpad 0
合成和流程图 Ctrl + Shift + F11

| | |
|---|---|
| 合成微型流程图 | Tab |

**图层**

| | |
|---|---|
| 图层面板 | Alt + L |
| 文本 | Ctrl + Alt + Shift + T |
| 纯色 | Ctrl + Y |
| 灯光 | Ctrl + Alt + Shift + L |
| 摄像机 | Ctrl + Alt + Shift + C |
| 空对象 | Ctrl + Alt + Shift + Y |
| 调整图层 | Ctrl + Alt + Y |
| 图层设置 | Ctrl + Shift + Y |
| 为选定图层打开效果控制面板 | Ctrl + Shift + T |
| 打开图层 | Alt + L + O |
| 打开图层源 | Alt + Numpad Enter |
| 新建蒙版 | Ctrl + Shift + N |
| 蒙版形状 | Ctrl + Shift + M |
| 蒙版羽化 | Ctrl + Shift + F |
| 反转 | Ctrl + Shift + I |
| 最佳品质 | Ctrl + U |
| 草图 | Ctrl + Shift + U |
| 线框 | Ctrl + Alt + Shift + U |
| 锁定选择图层 | Ctrl + L |
| 解锁所有图层 | Ctrl + Shift + L |
| 消隐 | Alt + L + W |
| 为选定图层打开或关闭视频眼球开关 | Ctrl + Shift + V |
| 变换 | Alt + L + T |
| 位置 | Ctrl + Shift + P |
| 缩放 | Alt + L + T |
| 旋转 | Ctrl + Shift + R |
| 为选定图层打开不透明度对话框 | Ctrl + Shift + O |
| 在视图中将选定的图层居中 | Ctrl + Home |
| 组合形状 | Ctrl + G |
| 取消组合形状 | Ctrl + Shift + G |
| 将图层置于顶层 | Ctrl + Shift + ] |
| 使图层前移一层 | Ctrl + ] |
| 使图层后移一层 | Ctrl + [ |
| 将图层置于底层 | Ctrl + Shift + [ |
| 向上移动图层 | Ctrl + Alt + ↑ |
| 向下移动图层 | Ctrl + Alt + ↓ |
| 向上移动图层 | Ctrl + ↑ |

| | |
|---|---|
| 向下移动图层 | Ctrl + ↓ |

**3D 图层**

| | |
|---|---|
| 切换到 3D 视图（正视图） | F10 |
| 切换到 3D 视图（自定义视图） | F11 |
| 切换到 3D 视图（活动摄像机） | F12 |
| 返回上一个视图 | Esc |
| 新建光源 | Ctrl + Alt + Shift + L |
| 新建摄像机 | Ctrl + Alt + Shift + C |
| 移动摄像机及其目标点以查看所选图层 | Ctrl + Alt + Shift + \ |

**关键帧和图表编辑器**

| | |
|---|---|
| 在图表编辑器和图层模式之间切换 | Shift + F3 |
| 关键帧向前或向后移动一帧 | Alt +→← |
| 关键帧向前或向后移动十帧 | Alt + Shift + →或← |
| 对所选关键帧设置插值 | Ctrl + Alt + K |
| 将关键帧插值方法设置为定格或自动贝塞尔曲线 | Ctrl + Alt + H |
| 缓动选定的关键帧 | F9 |
| 缓入选定的关键帧 | Shift + F9 |
| 缓出选定的关键帧 | Ctrl + Shift + F9 |
| 设置选定关键帧的速率 | Ctrl + Shift + K |

**素材**

在项目面板按住 Alt 键双击，打开视频

**效果**

| | |
|---|---|
| 效果面板 | Alt + T |
| 效果控件 | F3 |

**动画**

| | |
|---|---|
| 动画面板 | Alt + A |
| 关键帧插值 | Ctrl + Alt + K |
| 关键帧速度 | Ctrl + Shift + K |
| 关键帧辅助 | Alt + A + K |
| 添加表达式 | Alt + Shift + = |

**文本**

| | |
|---|---|
| 新建文本 | Ctrl + Alt + Shift + T |
| 文本左对齐 | Ctrl + Shift + L |
| 文本居中 | Ctrl + Shift + C |
| 文本右对齐 | Ctrl + Shift + R |

| | |
|---|---|
| 将所选横排文本向右扩展或向左缩进一个字符 | Shift + →← |
| 将所选横排文本向右扩展或向左缩进一个单词 | Ctrl + Shift + →← |
| 将所选横排文本向上扩展或向下缩进一行 | Shift + ↑↓ |
| 将所选直排文本向上扩展或向下缩进一个单词 | Ctrl + Shift + ↑↓ |
| 将所选直排文本向右扩展或向左缩进一个行 | Shift +→← |
| 将所选直排文本向上扩展或向下缩进一个单词 | Ctrl + Shift + ↑↓ |
| 将所选直排文本向上扩展或向下缩进一个字符 | Shift + ↑↓ |
| 对齐段落，左对齐最后一行 | Ctrl + Shift + J |
| 对齐段落，右对齐最后一行 | Ctrl + Alt + Shift + J |
| 对齐段落，右对齐最后一行 | Ctrl + Shift + F |
| 将所选文本字体大小减小或增大 2 个单位 | Ctrl + Shift + . 或, |
| 将所选文本字体大小减小或增大 10 个单位 | Ctrl + Alt + Shift + ,或 , |
| 将行距增大或减小 2 个单位 | Alt + ↑↓ |
| 将行距增大或减小 10 个单位 | Ctrl + Alt + ↑↓ |
| 将基线偏移减小或增大 2 个单位 | Alt + Shift + ↑↓ |
| 将基线偏移减小或增大 10 个单位 | Ctrl + Alt + Shift + ↑↓ |
| 将字偶距或字符距减小或增大 100 个单位 | Ctrl + Alt +→← |
| 新建蒙版 | Ctrl + Shift + N |
| 进入自由变换蒙版编辑模式 | Ctrl + T |
| 退出自由变换蒙版编辑模式 | Esc |
| 反转所选蒙版 | Ctrl + Shift + I |
| 为所选的蒙版打开“蒙版羽化”对话框 | Ctrl + Shift + F |

**绘画工具**

| | |
|---|---|
| 交换绘画背景和前景色 | X |
| 将绘画前景设置为黑色背景为白色 | D |

当拖动以创建形状时按住↑增加星形或多边形的点数，增大圆角矩形的圆度

当拖动以创建形状时按住←将圆角矩形圆度设为 0

当拖动以创建形状时按住→将圆角矩形圆度设为最大值，增大多边形和星形外圆度

**视图**

| | |
|---|---|
| 视图面板 | Alt + V |
| 新建查看器 | Ctrl + Alt + Shift + N |
| 完整分辨率 | Ctrl + J |
| 自定义 | Alt + V + R |
| 显示标尺 | Ctrl + R |
| 视图选项 | Ctrl + Alt + U |
| 转换时间 | Alt + Shift + J |
| 将红色通道显示为灰色通道 | Alt + 1 |
| 将绿色通道显示为灰色通道 | Alt + 2 |

| | |
|---|---|
| 将蓝色通道显示为灰色通道 | Alt + 3 |
| 将 Alpha 通道显示为灰色通道 | Alt + 4 |
| Ctrl + ‘显示或隐藏网格 | |
| Alt + ‘显示或隐藏对称网格 | |
| 显示或隐藏图层控件 | Ctrl + Shift + H |
| 切换选定图层的展开状态 | Ctrl + ` |

**窗口**

| | |
|---|---|
| 窗口面板 | Alt + W |
| 标准 | Shift + F10 |
| 效果 | Shift + F12 |
| 动画 | Shift + F11 |
| 渲染队列 | Ctrl + Alt + O |

**工具**

| | |
|---|---|
| 选择工具 | V |
| 抓手工具 | H |
| 双击 H 将合成面板中视图重置为 100%居中 | |
| 放大工具 | Z |
| 旋转工具 | W |
| 锚点工具 | Y |
| 循环切换矩形，圆角矩形，椭圆，多边形，星形蒙版工具 Q | |
| 直排和横排文字工具 | Ctrl + T |
| 激活并切换钢笔工具 | G |
| 循环切换画笔，仿制图章，和橡皮工具 | Ctrl + B |
| 激活并循环切换操控工具 | Ctrl + P |
| 选择入点 | N |
| 选择出点 | M |
| 上一个关键帧 | J |
| 下一个关键帧 | K |
| 转到图层入点 | I |
| 转到图层出点 | O |
| 转到上一个入点 | Ctrl + Alt + Shift + → |
| 转到下一个入点 | Ctrl + Alt + Shift +← |
| 滚动到时间轴面板中当前时间 | D |
| 锚点 | A |
| 音频 | L |
| 羽化 | F |
| 蒙版路径 | M |

| | |
|---|---|
| 蒙版不透明度 | TT |
| 不透明度 | T |
| 位置 | P |
| 旋转 | R |
| 缩放 | S |
| 按住 Alt + Shift 并单击属性或组名隐藏属性或组预览 | |
| RAM 预览（小键盘上的数字键） | 0 |
| 具有替代设置的 RAM 预览 | Shift + 0 |
| 保存 RAM 预览 | Ctrl + 0 |
| 预览音频（小键盘上的数字键） | . |
| 仅对工作区的音频预览 | Alt + . |